CONCOURS RÉGIONAL AGRICOLE DE VALENCE
(1897)

RAPPORT

SUR

LA PRIME D'HONNEUR

Les Prix Culturaux, de Spécialités et d'Irrigation

PRÉSENTÉ

à M. le Président du Conseil, Ministre de l'Agriculture

PAR

M. L. DURAN

RAPPORTEUR DU JURY

MONTPELLIER
IMPRIMERIE CENTRALE DU MIDI
(HAMELIN FRÈRES)
—
1897

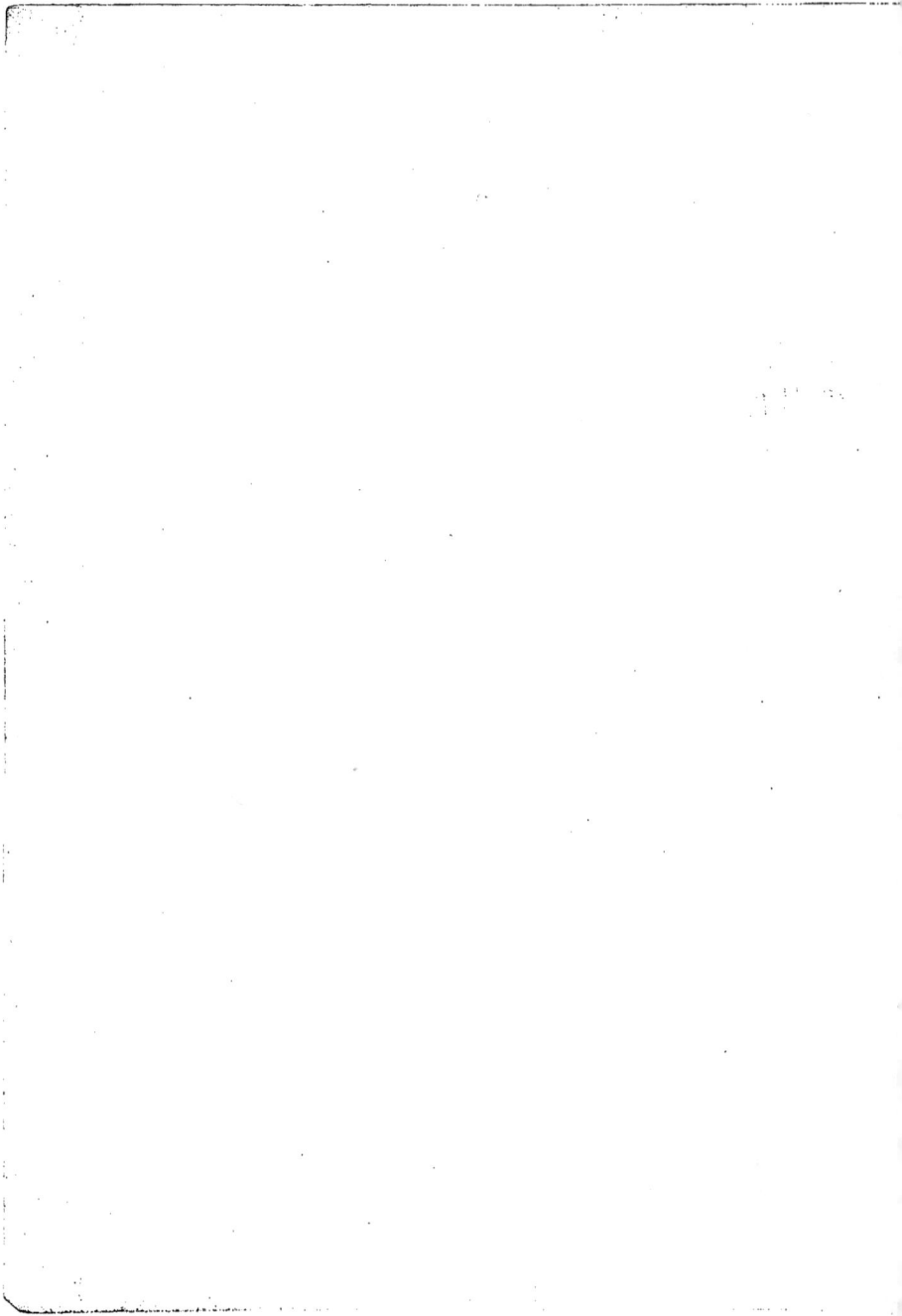

CONCOURS RÉGIONAL AGRICOLE DE VALENCE
(1897)

RAPPORT

SUR

LA PRIME D'HONNEUR

Les Prix Culturaux, de Spécialités et d'Irrigation

PRÉSENTÉ

à M. le Président du Conseil, Ministre de l'Agriculture

PAR

M. L. DURAN

RAPPORTEUR DU JURY

MONTPELLIER
IMPRIMERIE CENTRALE DU MIDI
(HAMELIN FRÈRES)

1897

JURY

RAPPORT

SUR

LA PRIME D'HONNEUR

LES PRIX CULTURAUX, DE SPÉCIALITÉS ET D'IRRIGATION

Présenté à M. le Président du Conseil, Ministre de l'Agriculture

Au Concours régional de 1897, dans le département de la Drôme, 122 exploitations ont demandé la visite du Jury et 103 ont été récompensées.

L'éloquence de ces chiffres inspire une admiration bien légitime.

Les résultats obtenus par la vaillante population agricole de ce département, sont, d'ailleurs, rendus plus remarquables encore par les inconvénients d'un climat assez peu favorable à l'une des cultures les plus rémunératrices, je veux dire à la culture de la vigne ; malgré ces inconvénients, cependant, le Jury, dont j'ai eu l'honneur de faire partie, a rapporté de sa longue excursion, dans la Drôme, la conviction fornelle que les plantations de vignes doivent y être multipliées le plus possible, et que, partout où elles seront intelligemment établies et soigneusement traitées, leur rendement moyen sera supérieur celui de la plupart des autres cultures.

Malgré l'excellente impression d'ensemble, produite sur le Jury par sa tournée dans le département de la Drôme, il y a constaté, çà et là, certaines imperfections, je dirai même certaines erreurs que j'ai le devoir de signaler.

Quelques propriétaires de la Drôme ont une préférence marquée pour les plantations de Jacquez comme producteur direct; ce cépage, presque complètement abandonné par les principaux départements viticoles, ne donne qu'une fructification minime, et, de plus, il est particulièrement accessible aux maladies cryptogamiques; sa résistance au phylloxéra étant plutôt moindre que supérieure à celle du plus grand nombre des autres plants américains, le Jury conseille, sans hésitation, de l'abandonner, sauf sur les terres où une incontestable expérience a démontré qu'il est préférable aux autres cépages, et encore, dans ces cas-là, peut-être vaudrait-il mieux, vu sa production insuffisante, rechercher, dans des affectations d'autre nature, des résultats plus rémunérateurs.

Je dois ajouter que, comme porte-greffe, le Jacquez se comporte assez bien dans les terres douces et humides; il présente, de plus, ce singulier avantage que les phylloxéras, dont il est toujours infesté, détruisent les racines des greffons, ce qui supprime la main-d'œuvre d'enlèvement de ces racines, main-d'œuvre indispensable pendant plusieurs années avec les autres porte-greffes.

Le Jury a constaté avec regret que certains propriétaires de la Drôme ne fument qu'insuffisamment leurs vignobles ou même ne les fument pas du tout et réservent exclusivement les engrais dont ils disposent pour des cultures méritant bien rarement cette préférence. Ceux qui procèdent ainsi s'appuient sur la pauvreté des résultats donnés par la vigne, pauvreté qu'ils attribuent uniquement aux caprices de leur climat; il y a là une erreur profonde, et, pour la démontrer péremptoirement, il me suffira de rappeler que, même dans les contrées les plus privilégiées, on rencontre, à mérite égal de terrain, des différences considérables de rendement entre les vignes libéralement fumées et travaillées avec soin, et celles que leurs propriétaires négligent, **soit** comme fumure, soit comme travail. Il faut semer pour récolter ; cet axiome est vrai partout et je me hâte, d'ailleurs, d'ajouter que le Jury en a trouvé la pleine justification dans beaucoup d'exploitations de la Drôme où la sollicitude éclairée des propriétaires leur a valu de remarquables succès.

Chez quelques-uns des concurrents qui l'ont appelé, le Jury a visité des vignobles entremêlés d'arbres fruitiers ; c'est encore là, à son avis, une pratique absolument inopportune ; le voisinage des arbres préjudicie beaucoup à la vigne extérieurement et souterrainement, et le délabrement inévitable qu'il lui inflige aggrave encore, bien mal à propos, la suspicion dont elle est l'objet dans la région.

Pour les exploitations agricoles, aussi bien que pour les entreprises commerciales, une comptabilité régulière est indispensable, et je regrette beaucoup d'avoir à dire que, sous ce rapport, le Jury a été peu satisfait de ses visites dans la Drôme. Plusieurs des propriétaires chez lesquels cette irrégularité a été constatée ont objecté que les résultats bons ou mauvais d'une exploitation sont clairement établis, chaque année, par la situation de la bourse. Pour des budgets minimes comme dépenses ménagères et comme frais d'exploitation, cette objection pourrait paraître plausible ; elle ne l'est cependant pas. Dans la Drôme, en effet, il est rare qu'une exploitation, si modeste soit-elle, ne présente pas plusieurs cultures différentes ; or la situation de la bourse ne peut indiquer qu'un résultat d'ensemble, tandis qu'une comptabilité bien tenue, en énonçant les frais et les rendements respectifs des diverses cultures, permettrait de réduire ou même de supprimer celles à produit médiocre, et d'élargir, au contraire, celles à produit avantageux.

Je dois maintenant reconnaître que beaucoup des visites du Jury ont été faites sur des exploitations peu importantes et administrées par d'humbles travailleurs, malheureusement dépourvus d'instruction. Dans ces milieux, le Jury n'a pu que regretter l'imperfection constatée, et il a, du reste, la conviction consolante que les prochaines générations pourront s'en préserver, grâce à l'énergique et sage sollicitude déployée, dans cette voie, par nos gouvernants actuels ; quant aux propriétaires que la même incapacité ne paralyse pas, et qui, néanmoins, n'ont pas de comptabilité régulière, je leur conseille sincèrement de pourvoir au plus tôt à cette regrettable lacune ; la mise à profit de mon conseil servira utilement leurs intérêts et leur sera sûrement une recommandation sérieuse auprès de MM. les Jurés des concours ultérieurs.

Les critiques que je viens de formuler, et qui, d'ailleurs, sauf celle concernant les comptabilités, ne s'adressent qu'à des exceptions, ces critiques, dis-je, n'atténuent d'aucune façon l'appréciation élogieuse exprimée par moi, au début de ce rapport, en faveur de la population agricole de la Drôme; on en trouvera la preuve formelle dans la longue énumération que je vais faire des récompenses décernées, surtout si on considère que le grand nombre des concurrents sérieux qu'il a eus à juger a dû imposer au Jury d'autant plus d'exigence quant au mérite et de parcimonie quant aux prix attribués.

PRIX DE SPÉCIALITÉS

M. APOSTOLY (André), *propriétaire à Saint-Marcel-les-Valence*

M. Apostoly a transformé 10 ruches communes en ruches à cadres système Layens ; il en construit chaque année de nouvelles de ce système et en possédait 20 lors de la visite du Jury.

Ses ruches sont grandes et renferment jusqu'à 30 cadres ; son résultat moyen annuel est de 25 kilogrammes de miel par ruche, alors qu'il n'obtenait précédemment que 5 kilogrammes des ruches communes ; son miel, qu'il extrait à froid et bien mûr, ne contient pas de cire et est de qualité supérieure.

Le Jury accorde à M. Apostoly une médaille d'argent.

M. ARNAUD (Adrien), *propriétaire à Espenel*

M. Arnaud exploite, comme propriétaire, le domaine « Le Plot » situé dans la commune d'Espenel et ayant une superficie de 65 hectares dont 44 hectares terres labourables et 24 bois et terres incultes.

Le Jury a visité chez lui des blés, avoines, sainfoins, pommes de terre et vignes ; il y a surtout remarqué une pépinière bien réussie de 12,000 greffes boutures sur riparias ; cette pépinière est l'œuvre exclusive de M. Arnaud et de son fils.

Les bâtiments d'exploitation sont bien tenus ; 2 chevaux de travail et un troupeau de 50 brebis et 30 agneaux sont aussi en état satisfaisant.

Le Jury attribue une médaille d'argent à M. Arnaud.

M. AUBERT (Louis), *propriétaire à Aurel*

M. Aubert a construit lui-même en 1894 un rucher à cadres mobiles qui se composait de 10 ruches lorsque le Jury l'a visité ; cette installation comporte tous les perfectionnements acquis et elle est très intelligemment administrée par M. Aubert, qui, opérant lui-même et par conséquent sans frais, en obtient une avantageuse rémunération de son travail.

Le Jury accorde à M. Aubert une médaille d'argent.

M. BAGARRE (Gustave), *propriétaire à Saillans*

M. Bagarre s'occupe d'apiculture depuis l'année 1892. Après des essais judicieux, il s'est mis résolument à l'œuvre et a pu soumettre au Jury, lors de sa visite, 10 ruches à rayons mobiles parfaitement aménagées; vu sa création récente, M. Bagarre n'a obtenu encore que de modestes résultats, mais l'excellent état de son installation et l'assiduité de ses soins lui vaudront sûrement, dans un avenir prochain, de très appréciables recettes.

Le Jury lui décerne une médaille d'argent.

M. BARAILLER (Augustin), *fermier à Clansayes*

Le domaine « la Gaudoise » que M. Barailler exploite depuis l'année 1870, en qualité de fermier, est situé dans la commmune de Clansayes et a une superficie de 45 hectares environ, dont 35 hectares terres labourables et 10 hectares bois et terres incultes.

Le Jury a vu sur cette exploitation 11 hectares de blé et 2 hectares d'avoine portant une récolte assez satisfaisante.

M. Barailler a donné beaucoup d'extension à la culture fourragère qui lui produit d'abondantes récoltes et il fait un emploi libéral d'engrais chimiques; il a reconstitué une vigne d'un hectare 25 ares, planté 200 amandiers, et opéré un défrichement de 2 hectares environ; son bétail et son matériel d'exploitation sont convenablement tenus; le Jury lui accorde une médaille d'argent.

Mme veuve BENOIT, *propriétaire à Châteauneuf-du-Rhône*

Mme veuve Benoit est propriétaire depuis vingt-trois ans du domaine « Turenne », situé dans la commune de Châteauneuf-du-Rhône et ayant une contenance totale de 22 hectares, dont 16 hectares terres labourables et 6 hectares bois et terres incultes.

Ce domaine, qui ne présentait que 4 hectares en culture lorsqu'il devint la propriété de Mme veuve Benoit, en comptait 13 lors de la visite du Jury.

Mme veuve Benoît y a effectué de sérieuses améliorations : création d'un fossé de 128 mètres de longueur, plantation de 2 hectares vignes et de 27 ares arbres fruitiers de diverses essences, défrichement d'un hectare de bois, et, enfin, construction d'un bâtiment nouveau.

Le Jury a vu sur ce domaine une excellente culture de plantes sarclées et il a trouvés en bon état le bétail et le matériel d'exploitation.

Une médaille d'argent est attribuée à Mme veuve Benoît.

M. BLACHE (Justin), *propriétaire à Valence*

M. Blache a créé à Valence un établissement de pisciculture dans lequel il produit des alevins de truite saumonnée, de truite ordinaire et de truite arc-en-ciel; sa production annuelle est d'environ 30,000 alevins, qu'il vend partie à l'État et aux départements, et partie aux particuliers.

M. Blache élève aussi l'écrevisse ; il a créé un nouvel auget d'incubation pour œufs de truite flottants ; grâce à ce nouvel auget, l'incubation peut s'effectuer dans d'excellentes conditions, même avec des eaux ayant une température supérieure à + 10 degrés.

Le Jury accorde une médaille d'argent à M. Blache.

M. BLANC (Jean-Jacques), *propriétaire à Valence*

Le Jury a visité dans la commune de Valence une vigne de 27 ares appartenant à M. Blanc et constituée par lui, de 1893 à 1895, en Syrah, Mondeuse et Durif greffés sur Riparia, Vialla et Jacquez.

Cette plantation est très soignée ; vu son jeune âge, elle n'a pas encore donné de sérieux résultats, mais son aspect luxuriant permet de prévoir qu'elle produira, dans un avenir prochain, un revenu rémunérateur du capital engagé qui est seulement de 1,500 francs prix d'achat, coût des portes-greffes et frais de plantation compris.

Le Jury décerne à M. Blanc une médaille d'argent.

M. BONNETON (Gaspard), à *Albon*

En janvier 1894, M. Bonneton commença, dans la commune d'Albon, la création d'une laiterie-fromagerie, et il l'acheva en octobre 1896.

Absolument étranger jusqu'alors à cette industrie, M. Bonneton s'entoura de renseignements certains; il alla visiter avec soin des installations similaires, et, son intelligence aidant, il a pu mener à bonne fin une œuvre qui, après un très court délai, lui donne déjà de satisfaisants bénéfices.

Tout en servant habilement ses intérêts personnels, M. Bonneton a été très utile à sa région dont les propriétaires, trouvant chez lui un débouché considérable de leur lait, sont encouragés à augmenter leurs élevages de vaches laitières de race.

Le Jury attribue une médaille d'argent à M. Bonneton.

M. BRACHET (Auguste), *propriétaire à Pennes*

M. Brachet a détourné le cours d'un petit torrent, qui, avant ce travail, causait de très sérieux dommages à ses terres situées dans la commune de Pennes ainsi qu'à des terres voisines.

Cette déviation, d'une longueur de 164 mètres, avec encaissement en pierres sèches, a d'autant plus de mérite qu'elle a été faite dans un pays pauvre où les eaux laissaient fréquemment le sol à nu.

M. Brachet a créé une prairie sur l'ancien lit du torrent et il a ainsi utilisé une surface précédemment improductive.

Le Jury lui accorde une médaille d'argent.

M. CARTON (François), *propriétaire à Recoubeau*

Par une entente avec d'autres propriétaires voisins qui ont proportionnellement contribué aux frais de cette installation, M. Carton a créé des canaux d'arrosage au moyen desquels il irrigue deux parcelles de prairies naturelles qui lui produisent 50 à 60 quintaux de fourrage par hectare, alors que, précédemment, et surtout dans les périodes de sécheresse, ce terrain ne lui donnait qu'un insignifiant revenu ; il a ainsi élevé à 2,500 francs par hectare la valeur de terres qui auraient difficilement trouvé acheteur à 1,000 francs l'hectare, avant l'amélioration qu'il y a effectuée, et ses seules dépenses consistent dans sa participation proportionnelle aux frais d'entretien des canaux d'arrosage.

Le Jury attribue à M. Carton une médaille d'argent.

M. CHAPIGNAT (Jean), *fermier à Fiancey*

M. Chapignat exploite depuis dix-sept ans le domaine « Rebattières », situé dans la commune de Fiancey ; il est fermier de 33 hectares et propriétaire de 3 hectares.

Par suite de la nature médiocre des terres de ce domaine, les diverses cultures qu'il présente ne donnent, malgré les soins assidus de M. Chapignat, que de modestes revenus ; le Jury y a cependant remarqué une culture de pommes de terre bien réussie et très proprement tenue.

Deux bœufs et quatre mules ou mulets servant à l'exploitation ont été trouvés en état satisfaisant, ainsi qu'un troupeau de 77 bêtes à laine.

Les bâtiments et l'outillage agricole sont suffisants et convenablement soignés.

Le Jury attribue une médaille d'argent à M. Chapignat.

M. CHATRON (Maurice), *fermier à Saint-Vallier*

Le domaine « Les Sœurs de Saint-Joseph » que M. Chatron exploite depuis un an, en qualité de fermier, est situé dans la commune de Saint-Vallier et a une superficie totale de 11 hectares dont 8 hect. 1/2 terres labourables et 2 hect. 1/2 bois.

Le Jury a visité sur cette exploitation des blés, prairies naturelles et pommes de terre convenablement traités, mais il y a surtout remarqué une vigne de 2 hectares environ plants indigènes dans des alluvions sablonneuses du Rhône ; cette vigne, conservée au moyen du sulfure de carbone et libéralement fumée avec des engrais chimiques, est luxuriante et très fruitée ; la récolte de l'année qui procéda celle de la visite du Jury fut de 130 hectolitres, soit près de 65 hectolitres à l'hectare.

Les bâtiments, l'outillage et le bétail d'exploitation de M. Chatron sont bien tenus.

Le Jury lui décerne une médaille d'argent.

M. CHORET (Albert), *propriétaire à Valence*

M. Choret a créé, avec tous les perfectionnements possibles, un rucher de 15 ruches à rayons mobiles, et, sur une terre d'un hectare qu'il possède dans la commune de Montelier, il a planté des boutures américaines, dont il a greffé une partie en plants indigènes.

La partie non greffée lui produit des porte-greffes qu'il vend aisément et avantageusement dans sa région.

Le rucher et la vigne de M. Choret sont très convenablement soignés.

Le Jury lui accorde une médaille d'argent.

MM. CORDEIL père et fils, *fermiers à Francillon*

Le Domaine « Boutière », que MM. Cordeil père et fils, exploitent depuis 1878 en qualité de fermiers, est situé dans la commune de

Francillon ; sa superficie totale est de 39 hectares environ, dont 20 hectares terres labourables et 19 hectares bois taillis et pâturages.

Les principales cultures de cette exploitation consistent en blé, seigle, avoine, fourrages et pommes de terre.

Après avoir opéré à main d'homme d'importants défoncements, MM. Cordeil père et fils ont créé, avec les pierres extraites, un drainage très utile de 750 mètres de longueur ; ils ont aussi amélioré les chemins, fait d'indispensables réparations aux bâtiments et pavé la basse-cour ; ils ont, enfin, créé des prairies naturelles et donné à la culture fourragère du Domaine une extension très profitable.

Le Jury leur attribue une médaille d'argent.

M. DORÈE (Elie), *propriétaire à Marsanne*

M. Dorée exploite, comme propriétaire, le Domaine « la Rue », situé dans la commune de Marsanne ; ce domaine a une superficie de 15 hectares, dont 12 hect. 60 terres labourables et 2 hect. 40 bois et terres incultes ; ses principaux produits consistent en blés et fourrages, que le Jury a trouvés assez satisfaisants.

Le bétail (2 chevaux et 2 mules) et le matériel d'exploitation sont en bon état.

M. Dorée a détourné le cours d'un ruisseau et a mis en culture son ancien lit, amélioration très appréciable pour sa propriété.

Le Jury lui décerne une médaille d'argent.

M. FRAYCHET (Philidon), *propriétaire à Teyssières*

Créé en 1881, l'établissement d'Apiculture de M. Fraychet ne comptait, au début, que 3 ruches ordinaires ; le Jury y a trouvé, lors de sa visite, 32 ruches à cadres, bien établies, mais de systèmes différents ; M. Fraychet travaille intelligemment à les uniformiser, afin de faciliter les opérations et d'augmenter son rendement qui est seulement de 10 kilogrammes de miel dans les petites ruches alors que les grandes lui en donnent 30 kilogrammes.

Les résultats pécuniaires obtenus jusqu'à présent par M. Fraychet ont été successivement affectés à améliorer son installation ; aussi a-t-elle acquis une importante plus-value.

Le Jury accorde à M. Fraychet une médaille d'argent.

<hr/>

M. GENEVÈS (Albert), *propriétaire à Recoubeau*

Les domaines « le Prieuré » et « le Lac », appartenant à M. Genevés et situés dans la commune de Recoubeau, ont une superficie totale de 58 hectares dont 46 hectares environ terres labourables et 10 hectares environ bois et terres incultes.

Les principales cultures de M. Genevés consistent en blés et fourrages. Lorsqu'il prit la direction des deux domaines, ils étaient très négligés et ne donnaient qu'un insignifiant revenu ; M. Genevés a construit des canaux qui utilisent, pour l'arrosage de ses prairies, des eaux précédemment très nuisibles à quelques-unes de ses terres. Il a fait des travaux d'endiguement, des défrichements, d'importantes plantations de pins et d'utiles réparations aux bâtiments d'exploitation. Il s'est, enfin, pourvu d'un matériel que le Jury a reconnu très satisfaisant.

Une médaille d'argent est attribuée à M. Genevés.

<hr/>

M. GLAIZE (Léon), *propriétaire à la Chaudière*

M. Glaize a commencé, en 1892, la création d'un rucher qui comptait 12 ruches perfectionnées lors de la visite du Jury. Il n'a pas acheté d'essaims et construit lui-même des ruches sans autres frais que l'achat peu coûteux des planches nécessaires ; son installation est intelligente et bien entretenue. Quoique l'année 1895 ne fût pas favorable, elle lui donna, par la vente de son miel, une recette de 200 fr. exclusivement due à son travail industrieux.

Le Jury accorde à M. Glaize une médaille d'argent.

M. JOSSEAUME (Elisée), *propriétaire à Die*

Le domaine « l'Abbaye » situé dans la commune de Die et appartenant à M. Josseaume est principalement affecté par lui à des cultures de blés, fourrages et vignes.

Le Jury a surtout remarqué sur ce domaine une pépinière satisfaisante de plants indigènes greffés sur pieds américains, 15 ruches à rayons mobiles très bien tenues et les soins irréprochables donnés aux bâtiments, au bétail et à l'outillage d'exploitation.

Tous les travaux du domaine sont faits par M. Josseaume et par sa famille ; de là, une économie de frais qui aide sérieusement à sa prospérité.

Le Jury décerne une médaille d'argent à M. Josseaume.

M. JOUBERT (Lucien), *fermier à Luc*

Le domaine que M. Joubert exploite en qualité de fermier est situé dans la commune de Luc.

Depuis qu'il en a la direction, M. Joubert y a effectué de sérieuses améliorations : il a conquis partie du lit d'un torrent, et ce travail, tout en lui attribuant une surface utilisable, le protège contre les crues du torrent.

M. Joubert a créé un petit vignoble de plants indigènes, greffés sur pieds américains, vignoble que le Jury a trouvé dans un état d'entretien irréprochable et qui devra donner de bons résultats, lorsqu'il entrera dans la période de production.

M. Goubert a, enfin, fait une plantation de mûriers et d'arbres fruitiers de diverses essences.

Le Jury lui accorde une médaille d'argent.

M. MARTIN (Xavier), *propriétaire à Saillans*

M. Martin a commencé en 1888 la reconstitution de son petit
vignoble situé dans la commune de Saillans: cette reconstitution a
été faite au moyen de plants indigènes (muscat, principalement), greffés
sur riparia: elle se compose de 6,000 souches et est l'œuvre exclusive, plantations et greffages, de M. Martin et de son gendre.

Le Jury a trouvé le vignoble de M. Martin soigneusement tenu et
présentant une fructification satisfaisante.

Une médaille d'argent est décernée à M. Martin.

M. RASPAIL (Justinien), *propriétaire à Saillans*

Sur une terre abandonnée qu'il acheta au prix dérisoire de 80 fr.
M. Raspail a établi un petit vignoble de 350 souches, partie producteurs directs et partie plants indigènes greffés sur Jacquez.

Le prix d'achat et les frais de plantation et de greffage ont constitué pour M. Raspail une dépense totale de 1,200 francs, et, grâce
aux soins assidus qu'il donne à sa plantation, il en a déjà obtenu une
récolte de 14 hectolitres et espère augmenter encore un peu cette
production dans les années favorables.

Le Jury lui accorde une médaille d'argent.

M. TERRASSE (Louis), *propriétaire à Piégros-la-Clastre*

Propriétaire dans la commune de Piégros-la-Clastre, d'un terrain
en pente rapide et absolument impropre à toute culture, M. Terrasse

y a établi une plantation de pins noirs d'Autriche; quoique cette plantation n'ait été faite qu'il y a onze ans, les arbres qui la composent
atteignaient, lors de la visite du Jury, une hauteur de 2 à 4 mètres.

M. Terrasse a ainsi donné une valeur appréciable à un terrain qui
n'en avait pas précédemment.

Le Jury lui décerne une médaille d'argent.

M. VILLARD (François), *fermier à St-Cristophe et le Laris*

M. Villaret exploite depuis onze ans, en qualité de fermier, le domaine
« Bossards », situé dans la commune de St-Cristophe et le Laris, et
présentant une surface totale de 32 hectares; ses principales cultures
consistent en blés, avoines, fourrages et pommes de terre.

M. Villard a judicieusement donné une extension sérieuse à la culture fourragère du domaine, extension qui devra sûrement lui produire d'excellents résultats.

Les bâtiments, le matériel agricole et le bétail de M. Villard sont
convenablement tenus.

Le Jury lui attribue une médaille d'argent.

M. ANDRIEUX (Auguste), *propriétaire à Saillans*

Sur des terres abandonnées depuis l'invasion phylloxérique, M. Andrieux a créé un vignoble de 5,000 souches Syrah, Clairette, Chasse-
las et Passerille, greffés 3/4 sur Riparia et 1/4 sur Jacquez.

Cette création a été faite sans frais, M. Andrieux s'étant procuré
gratuitement les greffons et les porte-greffes, et ayant procédé lui-
même, sans immixtion mercenaire aux travaux de plantations, de greffage et de culture.

Le Jury a trouvé les vignes de M. Andrieux très bien soignées et

3

abondamment fruitées; il lui attribue une médaille d'argent grand module.

M. ASTIER (Eugène), *propriétaire à Livron*

M. Astier possède dans la commune de Livron un hectare 60 ares de vignes indigènes qu'il conserve par la submersion ; la fructification de ces vignes, quoique irrégulière, est satisfaisante dans l'ensemble et permet d'espérer une récolte égale à celle de l'année précédente, laquelle produisit une recette de 2,000 francs.

C'est incontestablement aux soins assidus et intelligents donnés par lui à son vignoble que doit être attribuée la réussite de M. Astier. Aussi le Jury lui accorde-t-il une médaille d'argent grand module.

M. BEYLIEU (Antoine), *propriétaire à Saillans*

L'exploitation de M. Beylieu se compose de 2 parcelles, l'une de 6,000 mètres, l'autre de 10,000 mètres, situées dans la commune de Saillans.

Le Jury y a visité 84 ares de vignes plants indigènes greffés un tiers sur Jacquez et deux tiers sur Riparia ; ces vignes, reconstituées par M. Beylieu, ont été trouvées convenablement soignées et portant assez de fruits.

Une culture commerciale d'asperges en plein vent, créée aussi par M. Beylieu, lui a donné en 1895 une recette de 600 francs.

Le Jury attribue à M. Beylieu une médaille d'argent grand module.

M. BONNETON (Elie), *propriétaire à St Uze*

M. Elie Bonneton est propriétaire, dans la commune de Saint-Uze, de 2 hectares terres de coteaux impropres à toute autre culture que celle de la vigne. Lorsque son vignoble eut été détruit par le phylloxéra, M. Bonneton le reconstitua promptement au moyen de cépages indigènes greffés sur pieds américains, et ce, après un défoncement profond qui dut être effectué à bras d'homme à cause de la pente très raide du terrain.

Le vignoble de M. Bonneton est bien soigné et lui donne un rendement moyen annuel de 80 hectolitres de vin d'excellente qualité qui obtient facilement les prix de 35 à 40 francs l'hectolitre.

Les frais d'exploitation de M. Bonneton n'étant que de 900 francs par an, il a su obtenir un revenu satisfaisant de terres qui, avant son intelligente initiative, n'avaient qu'une minime valeur.

Le Jury accorde à M. Bonneton une médaille d'argent grand module.

Mlle BONNETON (Elise), à Saint-Uze

Mlle Bonneton a créé à Saint-Uze 18 ruches à cadres mobiles parfaitement entretenues, et elle s'occupe elle-même, avec beaucoup d'habileté, de l'essaimage artificiel.

L'installation véritablement remarquable de Mlle Bonneton lui produit de sérieuses recettes, et peut être donnée comme exemple à beaucoup d'apiculteurs de la région.

Le Jury décerne une médaille d'argent grand module à Mlle Elise Bonneton.

M. COURBIS (Auguste), propriétaire à Châteauneuf-du-Rhône

L'exploitation de M. Courbis, située dans la commune de Châteauneuf-du-Rhône, se compose de 3 hectares qu'il a affectés, partie à la reconstitution d'un vignoble et partie à la culture de porte-graines de betterave fourragère.

Le vignoble de M. Courbis consiste en boutures françaises greffées sur pieds américains et en cépages français directs ; il est très bien entretenu.

La culture de porte-graines de betteraves de M. Courbis, intelligemment sélectionnée, lui donne des résultats sérieux.

Le Jury attribue à M. Courbis une médaille d'argent grand module.

MM. FABRY père et fils, *apiculteurs à Valence*

MM. Fabry père et fils ont commencé en 1889 la création d'un rucher qui comptait, lors de la visite du Jury, 30 ruches à cadres mobiles.

L'installation de ce rucher est bien comprise et convenablement soignée. Elle n'entraîne pas de frais, MM. Fabry père et fils effectuant eux-mêmes tous les travaux de manipulation et de récolte, et elle donne un revenu moyen annuel de 400 à 500 francs. Dans les bonnes années, ce revenu peut être sensiblement augmenté.

Le Jury accorde à MM. Fabry père et fils une médaille d'argent grand module.

M. JOLIVET (Joseph), *propriétaire à Vion*

Par plusieurs achats successifs, de 1886 à 1892, M. Jolivet est devenu propriétaire de 1 hectare 20 ares de terres situés dans la commune de Tain, et consistant, pour moitié, en vignes françaises phylloxérées. L'autre moitié portait aussi une vigne qui avait été arrachée avant l'achat de M. Jolivet.

Au moyen du sulfure de carbone et de fumures abondantes, M. Jolivet a pu remettre en état assez satisfaisant la parcelle phylloxérée. Sur la partie inculte de sa propriété, il a planté des Riparias, Viallas, Rupestris et Jacquez, sur lesquels il a greffé des cépages indigènes.

L'exploitation de M. Jolivet est très soignée.

Le Jury lui attribue une médaille d'argent grand module.

M. JULLIEN (Louis), *propriétaire à Die*

M. Jullien est propriétaire, dans la commune de Die, de 2 hectares de terres, sur lesquels il a constitué un vignoble de muscats et clairettes greffés sur Riparias.

Le Jury a trouvé ce vignoble bien entretenu et abondamment fruité, alors que, dans le voisinage de M. Jullien, d'autres plantations dépérissent, soit faute de soins, soit par suite d'une création défectueuse.

Quoique une partie seulement de son vignoble fût alors en production, M. Jullien a eu, en 1895, une récolte de 40 hectolitres qu'il vendit à 40 francs l'hectolitre.

Le Jury lui accorde une médaille d'argent grand module.

M. MÈGE (Joseph), *propriétaire à Saint-Sauveur*

Lorsque M. Mège se rendit acquéreur de sa propriété, située dans la commune de Saint-Sauveur, elle était complètement inculte ; M. Mège a créé des chemins d'exploitation qui faisaient défaut ; il a rectifié le cours d'un ruisseau, construit une canalisation qui amène l'eau d'une source aux bâtiments d'exploitation, défriché des terrains vagues, et opéré, enfin, sur plusieurs des bâtiments, d'indispensables réparations.

Les céréales et les fourrages de M. Mège, bien cultivés et suffisamment fumés, ont été trouvés satisfaisants par le Jury, ainsi qu'une plantation d'arbres fruitiers ; un troupeau, vivant sur le domaine, ne laisse rien à désirer.

Ce remarquable ensemble est d'autant plus louable qu'il est l'œuvre exclusive de M. Mège, de sa femme et de son beau-frère, tous trois d'un âge très avancé.

Le Jury décerne à M. Mège une médaille d'argent grand module.

M. MÈGE (René), *propriétaire à Pradelles*

L'exploitation de M. Mège (René), située dans la commune de Pradelles, se compose de blés, de luzernes et d'un petit vignoble, partie plants américains directs et partie pieds américains greffés en cépages indigènes.

Ces diverses cultures sont convenablement soignées, suffisamment fumées et donnent de bons résultats.

M. Mège a créé un chemin d'exploitation qui facilite beaucoup ses travaux ; il s'occupe aussi particulièrement d'apiculture et le Jury a vu chez lui 28 ruches, système de Lépine, dont l'installation ne laisse rien à désirer. Il a fait des essais d'abeilles italiennes, importées directement, et de ruches jumelles, abeilles communiquant, mais reines distinctes.

L'exemple donné par M. Mège, soit comme cultures, soit comme ruchers, a été très utile dans sa région. Le Jury accorde à ce concurrent une médaille d'argent grand module.

M. MIACHON (Jean), *propriétaire à Epinouze*

Le domaine de M. Miachon, situé dans la commune d'Epinouze, est affecté par lui à la production de vin, blé et tabac.

Les trois hectares que M. Miachon a consacrés à la vigne consistent en un terrain très maigre et très caillouteux ; le Jury y a vu des cépages indigènes greffés sur pieds américains et des plants américains producteurs directs ; grâce à des soins intelligents et à de fréquentes fumures, ces plantations donnent, malgré la médiocrité du sol, d'excellents rendements. En 1895, M. Miachon a obtenu une récolte de 150 hectolitres qu'il a vendue 35 francs l'hectolitre.

Les blés de M. Miachon ont été aussi trouvés très satisfaisants par le Jury, qui attribue à ce concurrent une médaille d'argent grand module.

M. PELOUX (Louis), *propriétaire à Jansac*

M. Peloux a créé, dans la commune de Jansac, une plantation de 60 noyers.

Ayant remarqué, au début de sa création, un sujet qui produisait des fruits de choix, il y prit des greffons pour ses jeunes noyers et a obtenu ainsi une qualité exceptionnelle qui est payée 2 francs de plus par hectolitre que les variétés ordinaires.

M. Peloux a généreusement distribué des greffons à Jansac et dans les communes voisines; on a donné son nom à la noix qu'il produit et qu'il a vulgarisée. Il dirige son exploitation avec la seule collaboration de sa femme et de ses enfants; ses recettes annuelles lui permettent de subvenir aux dépenses de sa famille et de réaliser de modestes économies.

Le Jury décerne à M. Peloux une médaille d'argent grand module.

M. PIROT (Antoine), *propriétaire à Saon*

Le domaines « Les Crottes », situé dans la commune de Saon et composé de 52 hectares, dont 12 hectares 25 ares en terres incultes, a été pris à ferme en novembre 1892, par M. Pirot, qui le trouva absolument abandonné.

Dès le début de son exploitation, M. Pirot établit un drainage de 100 mètres, remit en bon état 1,500 mètres de canaux d'irrigation, fit un barrage sur le ruisseau « la Cébre », construisit une écurie, deux hangars, des loges à porcs et créa, enfin, une fosse à fumier.

Les principales cultures de M. Pirot consistent en 7 hectares blé, 1 hectare orge, 4 h. 1/2 avoine, 1 h. 90 prairies naturelles arrosées, 1 hectare pommes de terre et 8,000 pieds de vigne.

Ces diverses cultures ont été trouvées en bon état, ainsi que le matériel et les bâtiments d'exploitation.

Le Jury attribue à M. Pirot une médaille d'argent grand module.

M. REYMOND (Jean-Baptiste), *propriétaire à Fiancey*

En 1890, M. Reymond ne possédait que 4 ruches vulgaires. Depuis lors, il a successivement augmenté et amélioré son installation, située dans la commune de Fiancey, et le Jury a vu chez lui 24 ruches de Layens, 1 ruche Dadaut, 5 ruches à capot et 1 ruche vulgaire.

Le rucher de M. Reymond est bien établi et soigneusement entretenu ; les dépenses qu'il a nécessitées pendant une période de six années s'élèvent seulement à 678 francs, et M. Reymond y a pourvu, en presque totalité, au moyen de ses récoltes successives. Le travail industrieux de M. Reymond est donc le seul capital engagé dans une création qui lui donne un revenu appréciable.

Le Jury accorde à M. Reymond une médaille d'argent grand module.

MM. REYMOND et CHAUVIN, *propriétaires à Meuglon*

Après avoir laborieusement défriché un terrain de 2,500 mètres jusqu'alors improductif, MM. Reymond et Chauvin y ont créé trois jardins qu'ils affectent exclusivement à des cultures de choux.

Cette création a été très utile pour la région qui trouve chez MM. Reymond et Chauvin des plants acclimatés, et, par conséquent, résistant mieux aux intempéries que ne le faisaient des sortes venues de contrées moins froides.

MM. Reymond et Chauvin ont aussi un rucher qu'ils ont créé par essaimage annuel ; ce rucher, bien aménagé, a été construit par eux d'après les modèles les plus commodes et les plus complets.

Les frais annuels de MM. Reymond et Chauvin sont seulement de 250 francs, représentant les semences et les engrais nécessaires pour leurs plantations de choux, et leur travail est largement rémunéré par les résultats satisfaisants qu'ils obtiennent de leurs deux industries.

Le Jury décerne à MM. Raymond et Chauvin une médaille d'argent grand module.

M. REYNARD-LESPINASSE, *propriétaire à Bouchet*

M. Reynard-Lespinasse possède 9 hectares environ de terres dans les communes de Bouchet, Suze et Beaumet.

Les vignes françaises que portait ce domaine ayant été détruites par le phylloxéra, M. Reynard-Lespinasse entreprit, en 1878, leur reconstitution au moyen de plants indigènes greffés sur pieds américains. Par d'attentives expériences, il se rendit compte des mérites respectifs des divers porte-greffes et put ainsi opérer sa reconstitution dans les conditions les plus favorables ; ses plantations consistent principalement en Grenaches, Clairettes, Alicante-Bouschets et Aramons greffés sur Riparias, Solonis et Rupestris.

Le Jury a trouvé ces plantations bien soignées et en état satisfaisant.

M. Reynard-Lespinasse a été l'initiateur dans sa région des reconstitutions de vignobles sur pieds américains, ainsi que des sulfatages contre le mildew ; son exemple y a été d'une incontestable utilité.

Le Jury attribue à M. Reynard-Lespinasse une médaille d'argent grand module, et il accorde, de plus, à M. Chamoux (Téoli), son greffeur depuis sept ans, une médaille de bronze et une somme de 20 francs.

M. REYNAUD (FLORIAN), *métayer à Châteauneuf-du-Rhône*

M. Reynaud exploite, comme métayer, depuis dix-neuf ans, le domaine « Chambon », situé dans la commune de Châteauneuf-du-Rhône

4

et composé de 42 hectares ; ses principales cultures consistent en 10 hectares blé, 10 hectares luzerne, 6 hectares pommes de terre et 10 hectares vignes.

Toutes ces cultures ont été trouvées en bon état, mais ce sont surtout les 10 hectares vignes qui ont attiré l'attention du Jury. Plantées dans des alluvions sablonneuses du Rhône, ces vignes, cépages indigènes, sont bien conservées et portent beaucoup de fruits ; la nature du sol est évidemment la cause principale de cette prospérité, mais il est impossible de méconnaître que les soins intelligents et assidus de M. Reynaud y ont aussi beaucoup aidé.

L'outillage, les bâtiments et le bétail d'exploitation du domaine « Chambon » ont été trouvés satisfaisants par le Jury, qui décerne à M. Reynaud (Florian) une médaille d'argent grand module.

M. RIVOIRE (Joseph), *propriétaire à Hauterives*

Le château d'Hauterives, appartenant à M. Rivoire, se compose de 26 hectares, dont 9 hectares situés dans la commune d'Hauterives et 17 hectares dans la commune de Saint-Martin-d'Aout.

Après avoir amélioré ses terres par d'abondantes fumures et s'être livré à des essais comparatifs de divers cépages, M. Rivoire commença, en 1892, ses plantations de vignes, qui, lors de la visite du Jury, occupaient une surface de 12 hectares et consistaient en plants directs, plants greffés et porte-greffes.

L'ensemble de ces plantations est satisfaisant, quoique une partie, 5 hectares environ, en ait été effectuée sur un terrain marneux précédemment impropre à toute culture.

M. Rivoire a créé, sur son domaine, des prairies artificielles qui lui donnent de bonnes récoltes, et le Jury a vu chez lui un beau troupeau de 32 têtes, génisses et jeunes taureaux de race Tarentaise ; cette race, inconnue autrefois dans la région, y a été introduite par M. Rivoire et elle y rend d'excellents services.

Le Jury attribue à M. Rivoire une médaille d'argent grand module.

M. RODET (André), *fermier à Bourdeaux*

M. Rodet exploite, en qualité de fermier, depuis 1847, le domaine
« Ravit », situé dans la commune de Bourdeaux et composé de 7 hectares 1/2 terres labourables et 3 hectares bois et pâturages.

Les principales cultures de M. Rodet consistent en blé, pommes de
terre, avoines et sainfoins ; toutes ces cultures sont très soignées ainsi
que les bâtiments, l'outillage et le bétail d'exploitation.

M. Rodet a montré au Jury un bon petit troupeau de 35 brebis. Il
a effectué, sur le domaine, de sérieuses améliorations : boisement d'un
hectare, défrichement de 2 hectares 1/2, drainage de 900 mètres très
bien établi, pour faciliter l'écoulement des eaux ; il y a, enfin, fait
une plantation d'environ 80 pieds arbres fruitiers diverses essences.

Le Jury lui accorde une médaille d'argent grand module.

M. VACHE (Émile), *propriétaire à Truinas*

M. Vache a reconstitué en plants indigènes, Gamay, Portugais
bleu, Syrah et Alicante-Bouschet greffés sur Solonis et Riparia, une
ancienne vigne détruite par le phylloxéra ; cette reconstitution fut en-
treprise six ans avant la visite du Jury qui l'a trouvée judicieusement
faite et convenablement soignée.

M. Vache s'occupe aussi d'Apiculture ; il a transformé en ruches
Layens à rayons mobiles les ruches fixes qu'il avait primitivement ;
son exemple, soit comme greffage, soit comme rucher, a été très
utile à ses voisins qui recourent souvent à ses conseils et à qui il
fournit gratuitement des boutures.

Le Jury attribue à M. Vache une médaille d'argent grand module.

M. VALLENTIN (Louis), *propriétaire à Montmaur*

Sur une surface de 10,000 mètres environ, M. Vallentin a effectué un enlèvement soigneux de gravier, ce qui lui a permis de mettre en culture les terrains qu'ils obstruaient. De plus, sur une longueur de 130 mètres, il a endigué le torrent qui apportait ces graviers ; il a aussi redressé, sur une longueur d'environ 60 mètres, le cours de ce même torrent.

Ces divers travaux, très utiles pour M. Vallentin, l'ont été aussi pour d'autres propriétaires voisins.

Le Jury attribue à M. Vallentin une médaille d'argent grand module.

M. VACHERESSE (Alphonse), *fermier à Valence*

M. Vacheresse exploite depuis 1890, en qualité de fermier, le domaine « Laforet », situé dans la commune de Valence, ayant une superficie totale de 20 hectares environ, et dont les principales cultures, blés, avoines, luzernes et pommes de terre, ne laissent rien à désirer.

Indépendamment des améliorations que M. Vacheresse a effectuées sur le domaine par des fumures abondantes appropriées aux diverses cultures et par de fréquents labours opportunément effectués, il a créé une vigne, qui, bien soignée par lui, donne déjà de sérieuses récoltes.

Les bâtiments, l'outillage et le bétail d'exploitation de M. Vacheresse sont convenablement tenus, ainsi qu'un troupeau de 60 brebis et 60 agneaux.

Le Jury accorde à M. Vacheresse une médaille d'argent grand module.

Mᵐᵉ veuve VOGOLGÉSANG, *propriétaire à Larnage*

Le Jury a visité chez Mᵐᵉ veuve Vogolgésang, dans la commune de Larnage, 4 hectares vignes indigènes conservées par le sulfure de carbone et 1 hectare plants indigènes greffés sur pieds américains.

Ces cultures, bien soignées, présentent une bonne fructification ; la parcelle greffée est, cependant, plus fruitée que l'autre.

La dernière récolte de Mᵐᵉ veuve Vogolgésang a été de 180 hectolitres vendus à 50 francs l'hect. ; c'est là un résultat très rémunérateur des soins intelligents de Mᵐᵉ veuve Vogolgésang et des frais d'exploitation qu'elle expose ; aussi le Jury lui attribue-t-il une médaille d'argent grand module.

M. ISOARD (Louis), *propriétaire à Aurel*

M. Isoard a entrepris en 1888 la reconstitution d'un petit vignoble de 500 souches situé dans la commune d'Aurol ; cette reconstitution a été faite en muscats greffés sur Riparias.

Le vignoble de M. Isoard est convenablement entretenu ; aussi, quoique 1,800 souches n'eussent été greffées que deux ans avant sa visite, le Jury a-t-il pu constater sur l'ensemble une production satisfaisante.

M. Isoard effectuant lui-même ses plantations, ses greffages et tous les travaux de culture, obtient, presque sans frais, un revenu sérieux de terres, qui, précédemment, n'avaient qu'une valeur insignifiante.

Le Jury lui accorde une médaille d'argent grand module.

M. ACHARD (Valentin), *propriétaire à Taulignan*

M. Achard a montré au Jury une pépinière de Solonis et Riparias greffés sur plants indigènes et une culture d'environ 13,000 porte-graines divers : carottes, betteraves, poireaux, oignons, etc...., etc...., le tout en très bon état.

M. Achard améliore les mûriers par le greffage, et le Jury a vu chez lui de très beaux plants de cet arbre, ainsi qu'une jolie pépinière d'arbres fruitiers et forestiers.

Le Jury attribue à M. Achard une médaille d'or.

M. BONNETON (ELIE) FILS, *propriétaire à Laveyron*

M. Bonneton a donné l'exemple de la reconstitution des vignes par le greffage dans les communes de Laveyron et Saint-Uze ; il a même organisé des conférences qui ont produit d'excellents résultats.

Le Jury a vu chez lui des vignes greffées sur Rupestris et Riparias et les a trouvées bien soignées et chargées de fruits.

M. Bonneton fume abondamment, partie avec des engrais de ferme et partie avec des engrais chimiques ; ses soins intelligents et les avantages qu'il en a obtenus ont donné à ses terres une plus-value considérable.

M. Bonneton s'occupe aussi d'Apiculture, et il a installé et exploite un rucher perfectionné qui lui donne de sérieux bénéfices.

Le Jury lui accorde une médaille d'or.

M. DE CARMEJANE-PIERREDON, *propriétaire à Suze-la-Rousse*

Lors de la prise de possession par M. de Carmejane-Pierredon du domaine « L'Estagnol », les bois de chêne verts existant sur ce domaine présentaient de nombreux vacants, soit par suite de l'infertilité des terrains, soit en raison des dégâts des troupeaux qui y étaient introduits.

Afin de pouvoir arriver mieux et plus vite à un reboisement, M. de Carmejane-Piérredon a renoncé aux bénéfices du troupeau et il a fait des frais d'ensemencements réitérés de pins et de chênes, frais que la médiocrité du terrain a sérieusement aggravés.

Le Jury a constaté que cette énergique persistance a été couronnée de succès, et il décerne une médaille d'or à M. de Carmejane-Pierredon.

M. CHALEUIL (Eugène), *propriétaire à Mirabel et Blacons*

Le domaine « les Armats », situé dans la commune de Mirabel et Blacous, et ayant une superficie de 4 hectares était précédemment une lande parsemée d'ajoncs et de pins rabougris et n'offrait qu'un maigre pacage.

En 1886, M. Chaleuil y fit opérer des défoncements à la main et il entreprit ensuite des plantations de vignes qui furent terminées en 1889. Éprouvé successivement par la coulure, la grêle et la sécheresse, il n'a eu encore qu'un rendement moyen de 20 hectolitres par hectare, mais en vins de 11 à 13° qui ont été récompensés dans plusieurs concours.

Malgré ce modeste rendement, M. Chaleuil a eu jusqu'à présent un revenu de 7 1/2 pour 100 du capital engagé ; grâce aux soins assidus qu'il donne à ses plantations, il espère améliorer sérieusement ce résultat.

Le Jury lui attribue une médaille d'or.

M. CHANINEL (Camille), *propriétaire à Albon*

La propriété de M. Chaninel, située dans la commune d'Albon, était précédemment très négligée et ne donnait qu'un produit dérisoire en blé et seigle.

Lorsqu'il en devint acquéreur, M. Chaninel fit débarrasser le terrain des ronces, pierres et chiendent qui l'encombraient et il effectua un défoncement à la vapeur ; il planta ensuite 3 hectares 40 ares en riparias et viallas sur lesquels il a greffé des gamays et autres plants indigènes.

Toutes les plantations de M. Chaninel sont bien soignées et suffisamment fumées ; sa récolte de 1895 a été de 130 hectolitres et fut vendue à 35 francs l'hectolitre.

Le Jury attribue à M. Chaninel une médaille d'or, et il accorde, de plus, une médaille de bronze et une somme de 30 francs à M. Cugnat (Jean-Marie), son contre-maître depuis vingt-deux ans.

M. CONSTANTIN (Paul), *propriétaire à Montboucher*

M. Constantin prit, il y a vingt ans environ, comme successeur de son père, la direction de son exploitation située dans la commune de Montboucher et ayant une superficie de 12 hectares.

Les vignes qui existaient alors sur ce domaine étaient ruinées par le phylloxéra et durent être arrachées à bref délai. M. Constantin opéra alors des ensemencements de blés et de fourrages ; mais, par suite des bas prix de vente, il n'obtint de ces cultures que de très insuffisants revenus, et il dut se retourner vers la vigne. Les incertitudes qui régnaient encore à ce moment-là le décidèrent à effectuer ses premières plantations, moitié en producteurs directs et moitié en porte-greffes ; les vignes greffées lui ayant donné de meilleurs résultats que les plants directs, il renonça promptement à ces derniers.

Le Jury a trouvé le vignoble de M. Constantin en état satisfaisant et il a vu chez lui une pépinière très bien réussie.

Une médaille d'or est attribuée à M. Constantin.

M. FAYOLLE (Joseph), *propriétaire à Erome*

L'exploitation de M. Fayolle, située dans la commune d'Erome, a une superficie de 4 hectares ; elle se compose de 1 hectare vignes françaises anciennes et 3 hectares plants américains greffés en cépages indigènes ; 2 hectares étaient en production lors de la visite du Jury.

Les vignes de M. Fayolle ont été trouvées en bon état de culture et convenablement fruitées ; l'outillage et les bâtiments d'exploitation sont satisfaisants.

En 1895, M. Fayolle a récolté 120 hectolitres qu'il a vendus 40 francs l'hecto.

Le Jury lui a accordé une médaille d'or.

M. GIRARD (Marc-Auguste), *propriétaire à Taulignan*

M. Girard est propriétaire de 4 hectares de terres situées dans la commune de Taulignan ; il commença ses plantations de vignes en 1879 et adopta le Solonis à cause de la nature calcaire de son terrain. Il fut, dans la région, l'initiateur des plantations nouvelles et des greffages. Son exemple a été utilement suivi.

Le Jury a trouvé les vignes de M. Girard convenablement soignées et bien fruitées.

M. Girard opère régulièrement tous les traitements contre les maladies cryptogamiques.

Le Jury lui décerne une médaille d'or.

M. GLAIZE (Frédéric), *propriétaire à la Chaudière*

M. Glaize commença en 1848, comme fermier, l'exploitation de deux propriétés les « Hoirs » et « Goze », n'ayant pour toutes ressources que les avances à lui faites par son propriétaire.

Il relia les deux propriétés par une route carossable en élargissant le chemin vicinal sur une longueur de 4 kilomètres environ et facilita beaucoup par là le transport de ses engrais et de ses récoltes.

Par suite des bas prix des blés, il restreignit beaucoup cette culture et s'adonna plus particulièrement à celle des fourrages dont il a obtenu d'excellents résultats et qui lui permet d'avoir un troupeau de 150 bêtes en été et de 90 bêtes en hiver.

Alors que les prédécesseurs de M. Glaize n'avaient pu tirer aucun parti utile des deux exploitations qu'il dirige, M. Glaize y a créé une prospérité telle, que, par l'unique produit de son travail et de son économie, il a pu s'en rendre acquéreur au prix de 23,000 francs.

Le Jury attribue à M. Glaize une médaille d'or.

M. GUICHAREL (Amédée), *propriétaire à Aurel*

M. Guicharel prit, il y a dix-sept ans, la direction du domaine « Travette », composé de 18 hectares, dont 12 hectares terres labourables et 6 hectares dépaissances, et il y a depuis lors effectué d'importantes améliorations.

Il a créé un chemin d'exploitation de 500 mètres de longueur; planté 300 arbres fruitiers d'essences diverses, 100 acacias fournissant des tuteurs pour les vignes et 6,000 souches Riparias greffées, en majeure partie, en plants indigènes.

Par l'extension qu'il a donné à la culture fourragère de son domaine et par l'emploi de superphosphates, M. Guicharel a sensiblement augmenté les revenus de son exploitation sur laquelle le Jury a vu un bon troupeau de 60 brebis.

Une médaille d'or a été décernée à M. Guicharel.

M. JACOUTON (Ferréol), *propriétaire à Albon*

M. Jacouton exploite le domaine « Truchard », situé dans la commune d'Albon et composé de 27 hectares; il en est propriétaire pour 22 hectares et fermier pour 5 hectares.

Ses principales cultures consistent en blés, avoines et plantes fourragères; toutes ces cultures, bien établies, lui donnent des résultats satisfaisants.

M. Jacouton a créé un drainage de 300 mètres de longueur qui lui permet d'utiliser des terres précédemment improductives; il a défriché une parcelle et l'a consacrée à une pépinière de porte-greffes; il a planté et greffé une vigne de quatre-vingts ares, dont la dernière récolte a été de 20 hectolitres; il a installé une forge et une plate-forme pour le fumier de ferme; il a, enfin, fait construire un bâtiment pour y loger le matériel d'exploitation.

Le Jury accorde à M. Jacouton une médaille d'or.

M. JULLIEN (Daniel), *propriétaire à Die*

En 1878, c'est-à-dire dès que le vignoble de la Drôme eût été ravagé par le phylloxéra, Daniel se livra à une enquête soigneuse sur les mérites respectifs des plants américains, soit comme producteurs directs, soit comme porte-greffes, et, son édification faite, il commença ses plantations en Jacquez, Herbemont et Cuningham, et établit une pépinière de Taylors.

Malgré quelques insuccès au début, M. Daniel continua résolument ses plantations et ses greffages, et il a pu montrer au Jury les 4 hectares environ dont se compose sa propriété, en plein état de production; son exemple, appuyé par une réussite incontestable, fut très utile à la commune de Die.

Le vignoble de M. Daniel est bien tenu; son matériel d'exploitation est suffisant.

Le Jury attribue une médaille d'or à M. Daniel, et, de plus, il accorde à M. Walter (Michel), son vigneron depuis vingt ans, une médaille de bronze et une somme de 30 francs.

M. LACROIX (Désiré), *propriétaire à Trépol*

Le Jury a visité, chez M. Lacroix, 160 ruches parfaitement installées et dans un état de propreté absolue.

M. Lacroix construit lui-même son matériel et il a perfectionné la ruche Dadaut, qu'il juge trop grande ; toutes ses ruches sont à deux parpis dont l'intervalle est occupé par des balles d'avoine ; cette précaution protège efficacement les abeilles contre les variations de température.

Les ruches mobiles de M. Lacroix sont conservées par des fumigations de soufre.

Lorsqu'il constate que les abeilles manquent de provisions, M. Lacroix leur donne de l'eau sucrée et du miel ; c'est surtout dans le mois de septembre que ce supplément de nourriture devient nécessaire et que, par suite, les ruches doivent être plus assidument surveillées.

L'installation de M. Lacroix est excellente de tous points, aussi lui donne-t-elle des revenus très rémunérateurs.

Le Jury décerne une médaille d'or à M. Lacroix.

M. LAGIER (Jean), *propriétaire à Molières*

Le domaine « Tiogaux », appartenant à M. Lagier, est situé dans la commune de Molières et a une superficie totale de 21 hectares 45 ares, dont 13 h. 45 ares terres labourables et le surplus bois et terres incultes.

Les principales cultures de M. Lagier consistent en blés, fourrages et vignes ; par ses soins intelligents et l'emploi libéral d'engrais chimiques, il obtient de bonnes récoltes de blés et de fourrages.

Deux hectares 50 ares de vignes plants indigènes greffés en majeure partie sur Riparias sont vigoureuses et portent une fructification satisfaisante.

M. Lagier a montré au Jury un troupeau de 50 brebis, une mule et deux bœufs convenablement soignés ; son matériel d'exploitation est suffisant et bien entretenu.

Le Jury lui accorde une médaille d'or.

M. Paul de LEVAUX, *propriétaire à Épinouze*

M. de Levaux a commencé en 1882 des plantations de vignes et en 1896 des plantations de pêchers ; ces plantations ont été terminées en 1895.

Les vignes, qui occupent 13 hectares, consistent en 10 hectares plants indigènes greffés principalement sur Riparias et 3 hectares Othello et Cyntiana ; elles sont convenablement soignées et ont donné en 1895 une récolte de 500 hectolitres, vendue à 30 francs l'hectolitre.

Six hectares consacrés par M. de Levaux à la culture du pêcher, lui rendent, année moyenne, 15,000 kilogrammes de fruits, toujours vendus à des prix très élevés, grâce à une intelligente organisation commerciale.

Le matériel d'exploitation de M. Levaux est bon et bien entretenu.

Les résultats obtenus par M. de Levaux sont d'autant plus remarquables, que, antérieurement aux plantations qu'il a effectuées, ses terres étaient affermées au prix dérisoire de 90 francs l'hectare.

Le Jury attribue une médaille d'or à M. Paul de Levaux.

M. LAMBERT (Joseph), *propriétaire à Lachau*

Le domaine « Rioufret », appartenant à M. Lambert, a une superficie de 4,000 mètres carrés.

Le Jury a vu sur cette exploitation une vigne plants indigènes greffés sur Riparias et Solonis ; il l'a trouvée bien tenue et abondamment

fruitée ; l y a vu aussi 2,000 arbres fruitiers, essences diverses, plantés
en plein vent, bien soignés et en excellent état ; il y a visité, enfin,
des prairies naturelles créées par M. Lambert, et absolument remarquables par le choix judicieux de la semence, ainsi qu'au point de vue
des arrosements, des hersages et de la fumure.

Le Jury accorde à M. Lambert une médaille d'or.

M. MILHAN (Pierre), fermier à Beaumont-les-Valence

M. Milhan exploite depuis vingt-quatre ans, comme fermier à mi-
fruit, le domaine « Boulenarde » ayant une superficie totale de 60 hectares et situé dans les communes de Beaumont et Montmeyran.

Les principales cultures de ce domaine consistent en blé, avoine,
prairies, luzerne, sainfoin et vigne.

Les céréales de M. Milhan sont très satisfaisantes ; sa production
fourragère, à laquelle il a donné une sérieuse extension, lui laisse des
résultats avantageux.

Cinq hectares de vignes plantées par M. Milhan sont propres, bien
tenues et passablement fruitées.

Le bétail et le matériel d'exploitation ainsi qu'un troupeau de 105
brebis ont été trouvés en bon état.

M. Milhan a effectué sur le domaine d'utiles améliorations : nettoyage
des fossés, création de rigoles pour l'écoulement des eaux, etc., etc.,
et, par des labours fréquents et profonds, il a ameubli les terres, qui,
au début de son exploitation, étaient très difficiles à travailler.

Le Jury décerne à M. Milhan une médaille d'or.

M. MOYROND (Sylvain), propriétaire au Buis

M. Moyrond dirige à Buis-les-Baronnies un établissement séricicole
dont la production indique éloquemment l'importance ; cette production

est annuellement de 15,000 à 18,000 onces vendues 2/5ᵉ en France et 3/5ᵉ à l'étranger.

Par ses longues et patientes études et par celles de M. J.-P. Bonfils, fondateur de l'établissement et son collaborateur actuel, M. Moyrond a doté l'industrie séricicole de perfectionnements précieux quant à la sélection et au croisement des races et aux soins à donner aux éducations et au grainage ; ses procédés, récompensés à l'Exposition de Paris en 1878 et livrés à la publicité, ont rendu de grands services à l'industrie séricicole et ont été adoptés en France et en Italie.

Le Jury attribue une médaille d'or à M. Moyrond.

LE SYNDICAT DU MEYROL, à *Montélimar*

Le Syndicat du Meyrol, qui a commencé à fonctionner en 1895, est composé de 320 propriétaires représentant 287 hectares ; avant sa création, les terres qu'il est destiné à protéger étaient fréquemment envahies par les eaux de pluie auxquelles les fossés existant alors ne donnaient pas un écoulement suffisant ; de là, perte fréquente de récoltes et grave inconvénient de permanente insalubrité.

En obligeant tous ses adhérents à effectuer à leurs frais à tous les fossés qui limitent ou traversent leurs terres les entretiens et les réparations nécessaires, le Syndicat rend aux intéressés de très utiles services, et ce, en échange de charges bien peu onéreuses, puisque, en sus des soins à donner à ses fossés, chaque adhérent n'est grevé que d'une cotisation annuelle d'un franc vingt centimes par hectare.

Le Jury décerne une médaille d'or au Syndicat du Meyrol.

M. MONIER (JOSEPH), *propriétaire, à Taulignan*

Sur 2 hectares 50 ares de terres qu'il possède dans la commune de Taulignan, M. Monier a créé, de 1869 à 1871, une plantation de chênes truffiers qui était en plein rapport lors de la visite du Jury.

Ayant remarqué que les semences provenant de vieux chênes donne des récoltes plus hâtives de truffes, M. Monier s'est attaché plus particulièrement à ces semences, et, de plus, à la suite de judicieuses observations, il a préféré certains sujets donnant des résultats exceptionnels.

M. Monier a été l'initiateur dans sa région de la culture truffière, culture qui peut rendre des services sérieux dans les expositions propices.

Le Jury lui attribue une médaille d'or.

Mme veuve Achille PLANEL, à *Saillans*

Mme veuve Planel est propriétaire de 9 hectares de vignes dans la commune de Saillans, ces 9 hectares consistent en 8 hect. 65 ares plants indigènes greffés sur Clinton, Jacquez et Riparias, et 35 ares plants indigènes francs de pied; ces diverses plantations, commencées en 1871, ont été terminées en 1894.

Les parcelles greffées sur Riparia et Clinton sont beaucoup plus fruitées que celles sur Jacquez; les 35 ares plants indigènes francs de pied sont assez bien conservés quoique leur plantation remonte à 1891.

Mme veuve Planel effectue régulièrement les soufrages et les sulfatages, et elle procède à de suffisantes fumures au moyen d'engrais chimiques et de tourteaux; ses terres sont bien cultivées et son matériel d'exploitation est en bon état.

Le Jury lui accorde une médaille d'or.

MM. PERRIER frères, *fermiers à Montmeyran*

MM. Perrier frères exploitent depuis cinq ans environ, en qualité de fermiers, le domaine « Pomet », situé dans la commune de Montmeyran et composé de 20 hectares et demi.

Les principales cultures de ce domaine consistent en blé, seigle, prairies, luzernes, pommes de terre, pois et vignes.

Le Jury a trouvé toutes ces cultures satisfaisantes, et particulièrement les seigles et les luzernes.

Le domaine était inhabité et à peu près abandonné lorsque MM. Perrier frères entreprirent son exploitation ; aussi le prix annuel de leur bail fut-il et est-il encore de 500 francs seulement, plus une redevance insignifiante en nature.

De très sérieuses améliorations ont été effectuées par MM. Perrier frères : plantations de 3 hectares de vignes, moitié plants indigènes, moitié cépages greffés ; culture spéciale de graines fourragères et potagères ; réparations des bâtiments d'exploitation, etc., etc.

L'intelligente initiative de MM. Perrier frères a considérablement augmenté la valeur du domaine, laquelle était seulement de 13,000 francs avant leur intervention, et elle a eu aussi d'excellents résultats pour eux.

Le Jury décerne une médaille d'or à MM. Perrier frères.

M. RAVISA (FERDINAND), *propriétaire à Montélimar*

L'exploitation de M. Ravisa se compose de 15 hectares de terres situées dans les communes de Montélimar et de Sauzet ; des plantations de vignes y ont été commencées en 1888 et elles étaient terminées lors de la visite du Jury ; elles consistent en plants indigènes, Clairette, Alicante-Bouschet, etc., etc., greffés sur pieds américains.

M. Ravisa a opéré ses greffages sur place et n'a eu qu'une moyenne de 2 à 3 % de manquants ; les terres qu'il a plantées étaient précédemment improductives et en très mauvais état ; il les répara intelligemment avant d'entreprendre ses plantations ; les dernières inondations lui ayant causé de sérieux dégâts, il replanta la partie maltraitée et fit construire une digue qui le protège désormais contre l'envahissement des eaux du Roubion.

6

. Les vignes de M. Ravisa sont convenablement soignées et passablement fruitées.

Le Jury lui attribue une médaille d'or, et il accorde de plus une médaille de bronze et une somme de 30 francs à M. Paraly (Antoine), son greffeur depuis neuf ans.

M. REBOUL (Charles), *propriétaire à Montélimar*

Par des achats successifs de diverses parcelles complètement abandonnées et sans culture depuis l'invasion phylloxérique, M. Reboul s'est constitué au domaine de 15 hectares dans les communes de Montélimar et de Savasse.

Il a commencé ses plantations en 1875 et les a terminées en 1896 ; elles consistent en plants indigènes greffés partie sur Jacquez et principalement sur Riparia.

Avant d'entreprendre ses plantations, M. Reboul pratiqua de nombreux labours d'été et met ainsi en bon état ses terres qui formées du dilivium alpin (cailloux roulés) sont très propices à la culture de la vigne et produisent du vin excellent.

L'exploitation de M. Reboul est bien soignée à tous égards, aussi a-t-il considérablement augmenté la valeur de sa propriété dont le prix d'achat fut seulement de 600 francs l'hectare.

Le Jury attribue une médaille d'or à M. Reboul.

M. RIVOIRE (Sylvain), *propriétaire à Margés*

M. Rivoire est propriétaire de 40 hectares de terres dans les communes de Margés et d'Arthemonay ; ces terres, lorsqu'il s'en rendit acquéreur, étaient affectées à des cultures de céréales et ne donnaient que de très médiocres résultats ; par de profonds labours et un abondant emploi d'engrais chimiques, M. Rivoire augmenta d'abord considérablement ses récoltes de céréales ; il entreprit ensuite des planta-

·tions de vignes, qui, commencées en 1888, ont été achevées en 1895 et consistent en plants indigènes greffés sur pieds américains.

En 1895, année qui précéda celle de la visite du Jury, M. Rivoire n'avait en production que 4 hectares qui lui rendirent 600 hectolitres de vin; ce résultat partiel dit éloquemment de quels soins M. Rivoire entoure sa propriété et quelle augmentation de valeur il a su lui don· ner.

M. Rivoire s'occupe aussi d'apiculture; il a 150 ruches, système Da- daut et Larfans, alors qu'il en trouva 50 seulement dans sa propriété lorsqu'il l'acheta; il obtint en 1895 25 kilogrammes de miel par ruche.

Le Jury lui décerne une médaille d'or et il accorde une médaille de bronze et une somme de 30 francs à M. Jacob (Henri), son vigneron depuis dix ans.

M. ROUSSIN (Louis), *propriétaire à Sauzet*

Le domaine « Homard » exploité par M. Roussin est situé dans la commune de Sauzet et a une superficie totale de 60 hectares, dont 40 hectares vignes et 20 hectares prairies, fourrages et céréales.

Ce domaine portait précédemment des vignes renommées qui fu- rent détruites par le phylloxéra de 1870 à 1875; à ce moment-là, par suite de la disparition des vignes et de la maladie des vers à soie il ne donnait plus qu'un revenu dérisoire de 2,000 francs par an.

M. Roussin entreprit la reconstitution du vignoble en 1886 et l'acheva en 1895; ses plantations consistent en cépages indigènes greffés sur Jacquez, Riparia et Rupestris; M. Roussin essaya d'abord de con- server le Jacquez comme producteur direct, mais le résultat insuffi- sant qu'il en obtint l'obligea à le greffer.

Le Jury a trouvé bien tenu le vignoble de M. Roussin, dont les autres cultures sont également satisfaisantes.

En 1895, malgré les dégâts importants de la coulure, M. Roussin récolta 400 hectolitres de vin, et il compte arriver à 2,000 lorsque toutes ses vignes seront en pleine production

Le Jury lui décerne une médaille d'or, et il accorde une médaille de bronze et une somme de 30 francs à M. Marel (Marius), son greffeur depuis onze ans.

M. VATON (Antoine), *métayer à Tolouzelles*

M. Vaton exploite, en qualité de métayer à mi-fruit, trois domaines : « Roustan », « le Pontillon » et « les Iles », ayant une superficie totale de 46 hectares, dont 34 hectares terres labourables et 12 hectares bois, pacages et terres incultes.

Ce métayage a commencé en 1860 pour le domaine « Roustan », et en 1871 pour « le Pontillon » et « les Iles ».

Les principales cultures de M. Vaton consistent en vignes, blés, avoines, luzernes et sainfoins ; les vignes, occupant 17 hectares, présentent 13 hectares plants indigènes, greffés sur pieds américains, et 4 hectares plants américains divers en pépinière.

Le Jury a trouvé en bon état toutes les cultures de M. Vaton, et il a constaté d'utiles améliorations sur son exploitation : une plantation d'acacias destinée à produire des tuteurs pour les vignes et sa création, sur la rive gauche du Lez, de lacs artificiels qui permettent d'arroser une surface importante.

M. Vaton a créé aussi une excellente installation pour les fumiers de ferme, qui, placés sous un hangar, et arrosés fréquemment avec le purin des porcheries, conservent toute leur richesse fertilisante.

Le Jury décerne à M. Vaton une médaille d'or, et il accorde, de plus, une médaille de bronze et une somme de 30 francs à M. Avias (Auguste), son domestique depuis huit ans.

M. DE LA BAUME, *propriétaire à la Garde-Adhémar*

Le Jury a visité sur le domaine de M. de la Baume, situé dans la commune de la Garde-Adhémar, 30 hectares de vignes plants indi-

gènes, greffés sur pieds américains ; ces plantations et greffages,
commencés en 1876, ont été terminés en 1896.

Le vignoble de M. de la Baume a été trouvé en bon état ; sa production est, cependant, médiocre comme quantité, mais elle donne un
vin de choix qui obtint une récompense au Concours agricole de Paris,
en 1895.

M. de la Baume a créé un bassin d'irrigation avec adduction d'eau
de source ; cette installation lui permet d'avoir des fourrages abon-
dants, même pendant les périodes de grande sécheresse.

L'outillage et le matériel d'exploitation sont satisfaisants.

Au précédent Concours Régional de la Drôme, M. de la Baume
obtint une médaille d'or.

Le Jury lui attribue un rappel de cette récompense.

M. GIRAUD (ALPHONSE), *propriétaire à Romans*

Les deux domaines « villa Saint-Yves » et « Notre-Dame-des-
Champs », situés dans la commune de Romans, sont affectés par
M. Giraud aux cultures de la vigne et de l'asperge ; il devint propriétaire en 1881 du domaine « Notre-Dame-des-Champs », dont le sol
est siliceux, et le trouva inculte et envahi par le chiendent ; quant au
domaine « Saint-Yves », il portait, lorsque M. Giraud s'en rendit acquéreur, un vignoble ruiné par le phylloxéra et qu'il fallut arracher.

Cette situation rendait particulièrement difficile et onéreuse la création immédiate de vignes nouvelles ; malgré ces obstacles, M. Giraud
se mit à l'œuvre, et, grâce à des soins assidus et à un emploi libéral
d'engrais chimiques, il est parvenu à reconstituer un vignoble que le
Jury a trouvé en bon état de culture et abondamment fruité.

Les plantations de M. Giraud consistent, partie en cépages français
directs, que la nature sablonneuse du terrain protège contre le phylloxéra, et partie en greffages sur plants américains.

M. Giraud fut le créateur, à Romans, de la première école de greffage, et il a beaucoup contribué à propager ce mode de culture de la vigne.

Au précédent Concours Régional de la Drôme, une médaille d'or fut attribuée à M. Giraud.

Le Jury lui décerne un rappel de cette récompense, et il accorde une médaille de bronze et une somme de 30 francs à M. Désair (Vincent), son maître valet depuis six ans.

M. FOEX (GUSTAVE), *propriétaire à Montélimar et Allan*

Le Jury a visité, sur le domaine « Colas », appartenant à M. Foëx, un vignoble de 20 hectares.

Ce domaine, qui devint la propriété de M. Foëx en juin 1887, se trouvait alors très négligé à tous égards ; la culture de la vigne étant la seule qui put y faire espérer de bons résultats, M. Foëx s'occupa de plantations dès son achat, et ces plantations furent terminées en 1890 ; elles consistent, pour la presque totalité, en Riparias et Jacquez comme porte-greffes ; les cépages greffés sont : Syrah, Alicante-Bouschet, Cinseau, Cabernet-Sauvignon et Durif.

Le Jury a trouvé toutes ces vignes bien tenues, ainsi que le matériel et les bâtiments d'exploitation.

M. Foëx a fait établir un drainage de 570 mètres, drainage très utile pour l'écoulement des eaux, et il pratique régulièrement les soufrages et les traitements cupriques ; il a aussi une organisation suffisante de nuages artificiels contre les gelées printanières.

La récolte de 1895 fut seulement de 489 hectolitres, mais cette récolte avait été gravement compromise par la coulure ; en 1894, M. Foëx avait récolté 990 hectolitres, et c'est là le résultat moyen qu'il espère obtenir dans les années normales.

La réussite de M. Foëx a déterminé, dans la région, la création de plusieurs autres vignobles importants, sur lesquels ont été adoptés les cépages et les procédés usités à Colas.

Le Jury accorde à M. Foëx une médaille d'or grand module, et à M. Auguste Reboul, son contre-maître depuis onze ans, une médaille d'argent et une somme de 50 francs.

M. TEYSSIER (Paul), *fermier à la Quarantaine*

M. Teyssier a pris à ferme, en janvier 1892, pour neuf ans, un domaine sur lequel se trouvaient 24 hectares de vignes françaises cultivées dans les alluvions sablonneuses du Rhône; en 1891, année qui précéda celle de son entrée en possession, ces 24 hectares n'avaient produit que 44,000 kilogrammes de vendange.

Par ses soins intelligents et par d'abondantes fumures, M. Teyssier améliora si rapidement la situation du domaine qu'il récolta, en 1895, 150,000 kilogrammes de raisins.

Sans y être obligé par les conditions de son bail, M. Teyssier a défriché 10 hectares qu'il a affectés : 1 hectare à des plantations de vignes et 9 hectares à d'autres cultures. — Il a construit à ses frais, sur le domaine, une porcherie, un four à pain, deux hangars et trois cuves en pierres.

Le vignoble de M. Teyssier, minutieusement visité par le Jury, présentait une fructification remarquable et se trouvait dans un état parfait de propreté.

Des cultures assez importantes d'asperges et de pêchers sont aussi très convenablement tenues et donnent de bons résultats ; l'outillage et le matériel d'exploitation ne laissent rien à désirer.

M. Teyssier procède régulièrement aux soufrages et aux sulfatages dont la suppression ou l'insuffisance avaient précédemment causé le dépérissement lamentable du vignoble.

Le Jury décerne à M. Teyssier une médaille d'or grand module, à M. Vinson (Louis), son contre-maître, une médaille d'argent et une somme de 50 francs, et à M. Blouzard (François), son domestique, une médaille de bronze et une somme de 20 francs.

MM. TÉZIER frères *de Valence*

MM. Tézier frères exploitent les trois domaines « Maninet, Auta-
gne et Saint-Thomé », situés dans la commune de Valence et ayant
une superficie totale de 59 hectares ; ils sont propriétaires de 19 hectares et fermiers de 40 hectares ; leurs cultures consistent en 1 hectare avoine, 5 hectares luzerne, 22 hectares graines industrielles et
pépinières et 31 hectares vignes.

Les vignes, luzernes et avoines ont été trouvées par le Jury dans
un état assez satisfaisant, mais c'est la culture importante et remar-
quablement soignée de porte-graines de plantes fourragères qui fait
le principal mérite de cette exploitation et qui y a été créée par
MM. Tézier frères.

L'outillage et le matériel sont bien tenus.

Au moyen d'une installation faite par eux, MM. Tézier frères utilisent les eaux de la Bourne pour irrigations. Ils ont montré au Jury
un bon troupeau de 50 brebis et 2 béliers.

Le Jury attribue à MM. Tézier frères une médaille d'or grand
module et à M. Ladreyt (Aimé), leur contre-maître depuis onze ans,
une médaille d'argent et une somme de 50 francs.

En raison du mérite exceptionnel des trois dernières exploitations
que je viens de signaler, le Jury s'est permis d'adresser à M. le
Ministre de l'Agriculture, président du Conseil, la prière, qu'il a bien
voulu accueillir favorablement, de transformer en des objets d'art les
médailles d'or grand module attribuées à MM. Gustave Foëx, Paul
Teyssier, et Tézier frères.

M. AVOND (Louis), *propriétaire à Beauvallon*

M. Avond a présenté au Jury 2 hectares 14 ares de vignes situées dans la commune de Beauvallon et un rucher constitué de ruches à rayons mobiles.

Les vignes, pied américain, sont partie greffées en plants indigènes et partie non greffées ; elles sont irréprochablement tenues ; les parcelles greffées portent beaucoup de fruits ; la vente des boutures provenant des pieds non greffés donne de sérieuses recettes.

M. Avond a été l'initiateur dans sa région des ruches à rayons mobiles, il en possède trente-six à cadres, système Layens ; son exemple a beaucoup aidé au perfectionnement de l'Apiculture dans sa région.

Le Jury attribue une médaille d'or grand module à M. Avond, et à M. Charras (Adolphe), son domestique apiculteur depuis huit ans, une médaille d'argent et une somme de 40 francs.

M. DU BOURG (Gontran), *propriétaire à Châteaudouble*

Le domaine Saint-Apollinaire, situé dans la commune de Châteaudouble et appartenant à M. Du Bourg, a une superficie de 218 hectares, dont 95 hectares terres arables et 123 hectares terres incultes, bois et friches en reboisement.

Les 95 hectares cultivés sont principalement occupés par des luzernes, plantes sarclées, blés, avoines, orges, vesces, maïs et betteraves.

Toutes ces cultures, bien entretenues et suffisamment fumées, donnent de satisfaisantes récoltes ; la moyenne du rendement des blés est de 30 hectolitres à l'hectare ; celle des plantes fourragères est aussi très élevée.

Le Jury décerne à M. Du Bourg une médaille d'or grand module ; il accorde à M. Mottet (Elie), son employé depuis trente-cinq ans, une

7

médaille d'argent et une somme de 40 francs, et à M. Clément, son employé depuis trois ans, une médaille de bronze et une somme de 20 francs.

M. CULTY (Charles), *propriétaire à Sauzet*

Le domaine « Grangevieille », situé dans la commune de Sauzet et appartenant à M. Culty, a une superficie de 35 hectares; ses principales cultures consistent en luzernes, sainfoins, trèfles, blés, seigles et vignes.

Toutes ces cultures sont très soignées ; le fourrage, abondamment produit, est en partie affecté à l'élevage de mulets.

2 hectares et demie de vignes visités par le Jury ont été trouvés en bon état.

Les bâtiments d'exploitation sont bien tenus : le bétail de travail et celui de vente sont satisfaisants.

L'outillage aratoire, composé des instruments les plus perfectionnés, est remarquable.

Le Jury attribue à M. Culty une médaille d'or grand module.

M. GARNIER (Jules), *propriétaire à Mirabel-aux-Baronnies*

M. Garnier est propriétaire du domaine « Lauzières », situé dans la commune de Mirabel-aux-Baronnies et composé de 18 hectares environ ; il exploite ce domaine avec le concours d'un fermier à mi-fruit ; ses principales cultures sont : blé, luzerne, sainfoin et oliviers.

Depuis 1895, M. Garnier fait partie, en qualité de sous-directeur, d'un Syndicat d'irrigation au moyen d'un canal pris dans la rivière « l'Egues » ; sa contribution à la création de ce canal et des défenses qu'il nécessite n'a été que de 1,285 francs, et l'eau que M. Garnier s'est ainsi acquise lui a permis d'arroser 3 hectares 79 ares de luzerne qui lui donnent d'abondantes récoltes.

Les blés et avoines de M. Garnier, ainsi que ses plantations d'oliviers et une pépinière de 17,000 greffes sur Riparia sont satisfaisants.

M. Garnier a montré au Jury un troupeau de 39 magnifiques brebis et un même nombre d'agneaux logés dans une bergerie très saine ; ses bâtiments d'exploitation et son outillage ne laissent rien à désirer. Il a capté une source importante et l'a amenée, au moyen d'une galerie souterraine, dans la cour de sa ferme où l'eau manquait précédemment.

Le Jury accorde à M. Garnier une médaille d'or grand module, et à M. Marre (Auguste), son employé depuis dix ans, une médaille d'argent et une somme de 40 francs.

LAITERIE DU VERCORS (Directeur M. GUÈRIN),
commune de Saint-Martin-du-Vercors.

La laiterie du Vercors a été créée en 1889-1890 au capital de 100,000 francs.

Avant cette création, les petites vallées de la région montagneuse du Vercors ne trouvaient que difficilement et à grands frais, à cause de l'éloignement des centres de consommation, l'emploi du lait qu'elles produisent.

La laiterie du Vercors, en leur procurant un débouché plus facile, et, partant, plus rémunérateur, leur a permis d'augmenter sensiblement leur production, et a, par conséquent, rendu de très utiles services à la région qui l'entoure.

Le Jury a été frappé de l'excellent agencement, de l'ordre parfait et de la propreté des locaux. Il a surtout remarqué la fabrication du beurre par les procédés mécaniques perfectionnés du Danemark et le bon état de 68 porcs exclusivement nourris avec le petit lait rendu par l'exploitation.

Le Jury décerne une médaille d'or grand module à la laiterie du

Vercors, à M. Symian, qui y est employé depuis six ans, une médaille d'argent et une somme de 40 francs, et à M. Bonnet, porcher, quatre ans de services, une médaille de bronze et une somme de 20 francs.

M. PIOLET (Lydit), *propriétaire à Luc-en-Diois*

M. Piolet a été l'initiateur de l'élevage des abeilles dans sa région à laquelle il a ainsi signalé une industrie, qui, sans débours sérieux, est une source de revenus appréciables pour ceux qui s'y livrent intelligemment.

M. Piolet s'occupe particulièrement de l'essaimage artificiel, mais il cultive aussi des essaims pour la production du miel, et obtient, année moyenne, un bénéfice de 30 francs par ruche, résultat qui témoigne éloquemment du bon entretien et des soins vigilants qu'il affecte à son exploitation.

Pendant la belle saison, M. Piolet dissémine ses essaims dans tous les endroits propices au butinage des abeilles; il évite ainsi l'encombrement et procure une nourriture abondante à chacune de ses colonies.

Le Jury attribue à M. Piolet une médaille d'or grand module.

M. VILLARD (Victor), *propriétaire à Laveyron*

M. Villard est propriétaire de 2 hectares 86 ares de terres dans la commune de Laveyron; en 1891, ayant décidé de planter la vigne sur 2 hectares 34 ares, précédemment incultes, il dut, au préalable, les débarrasser des pierres qui les encombraient et il employa utilement ces pierres à la construction d'un mur de soutènement de 63 mètres de longueur, et dont, sur une partie, la hauteur atteint jusqu'à 3 mètres; ainsi agencées, ses terres peuvent être travaillées à la charrue.

M. Villard a aussi utilisé environ 500 mètres cubes de pierres pour protéger sa culture contre les envahissements des eaux du Rhône dans les cas de crues dangereuses.

Avant de procéder à ses plantations, M. Villard s'est livré à des études comparatives sur l'adaptation, dans son sol, des divers porte-greffes, et il a pu ainsi obtenir les meilleurs résultats possibles ; son choix s'est surtout porté sur le Riparia et le Rupestris.

52 ares de plants indigènes existant antérieurement aux plantations de porte-greffes sont efficacement défendus par le sulfure de carbone et par le provinage et ont donné en 1895 3,500 kilogrammes de raisins.

Toutes les plantations de M. Villard sont bien soignées et suffisamment fumées; ses bâtiments et son matériel d'exploitation ne laissent rien à désirer.

Le Jury lui accorde une médaille d'or grand module.

M. VACHE (Théophile), *propriétaire à Félines*

Le domaine « Bécart », situé dans les communes de Félines et de Truinas, a une superficie de 35 hectares, dont 16 hectares terres labourables et 19 hectares bois.

Les 16 hectares labourables sont principalement affectés par M. Vache à des cultures de blés, seigles, luzernes, sainfoins et pommes de terre.

Toutes ces cultures, que le Jury a trouvées en bon état, donnent des résultats satisfaisants.

M. Vache prit, en 1863, la direction des domaines, et il y a effectué de grandes améliorations, soit comme épierrement de terrains sans valeur et que son travail a rendus utilisables, soit comme augmentation du matériel et du bétail d'exploitation.

Les pierres enlevées des terres ont été employées à construire un mur et des drainages et à faire des nivellements d'une utilité incontestable.

M. Vache a effectué de sérieuses réparations sur les anciens bâtiments et il a construit une porcherie très bien comprise.

Le Jury lui attribue une médaille d'or grand module.

SOCIÉTÉ DES AGRICULTEURS DE LA DROME, à *Valence*

Fondée en 1879, la Société des Agriculteurs de la Drôme exploite
une surface de 4 hectares exclusivement réservée par elle à des essais
de viticulture, d'irrigation, de fumures et de cultures variées.

Contrairement aux exploitations privées dont le mérite se mesure à
l'importance de leur rendement pécuniaire, la Société des Agriculteurs de la Drôme a pour principal objectif la défense de l'intérêt
général ; par les enseignements ressortant de ses laborieuses et intelligentes expériences, par sa sollicitude à propager ces enseignements,
et, enfin, par ses libérales distributions dans le département de cépages et d'arbres fruitiers des variétés les plus recommandables, elle
accomplit, irréprochablement, la très utile mission qu'elle s'est spon-
tanément imposée.

Le Jury a particulièrement remarqué, sur le champ d'expériences
de la Société, une très ingénieuse plantation indiquant, année par
année, et, depuis une longue période, les résultats obtenus des diverses
associations de tous les portes-greffes et cépages indigènes usités ; ce
minutieux travail, que l'initiative privée n'oserait sûrement pas entreprendre, a dû rendre et doit rendre encore de précieux services à
la viticulture de la région.

Quoique, par un louable sentiment de réserve, la Société des Agriculteurs de la Drôme ait tenu à ne présenter que hors concours son
remarquable champ d'expériences,

Le Jury, jugeant d'utilité publique l'œuvre de cette Société, a prié
M. le Ministre de l'Agriculture de vouloir bien lui accorder un objet
d'art ; cette prière a été favorablement accueillie.

PRIX D'IRRIGATION

M. BONSANS (Jean-Pierre), *propriétaire à Crest*

M. Bonsans acheta, en novembre 1882, le domaine « La Ramière »,
situé dans la commune d'Eurre et présentant une surface totale de
110 hectares.

Au moment de sa prise de possession, ce domaine était très négligé ;
8 hectares seulement y étaient mal cultivés par un fermier et ne donnaient que des résultats dérisoires ; M. Bonsans, après avoir préparé
15 hectares et effectué les travaux nécessaires pour les soumettre à
la submersion au moyen de prises d'eau dans la Drôme, planta cette
surface en cépages indigènes, mais, soit que la nature de ses terres
fut impropre à ce mode de culture, soit par suite de maladies cryptogamiques contre lesquelles on n'avait encore alors que des notions
de traitement très incertaines et très discutées, sa plantation dépérit
rapidement.

Sans se laisser abattre par cet insuccès, très onéreux, cependant,
M. Bonsans décida d'arracher immédiatement ses vignes agonisantes
et d'utiliser, pour des irrigations de luzernes et de céréales, les travaux effectués d'abord en vue de la submersion.

Satisfait des premiers résultats de cette transformation, M. Bonsans
agrandit courageusement son installation ; il établit de nouvelles prises
d'eau, construisit plusieurs ponts indispensables pour l'exploitation,
et, l'année qui précéda celle de la visite du Jury, ses ventes de blés,
luzernes et avoines, lui donnaient tous frais d'exploitation payés, un

revenu de 13,250 francs pour une propriété dont ses améliorations successives ont porté le coût total à 150,000 francs.

Le Jury décerne à M. Bonsans le premier prix de la 1re catégorie consistant en une médaille d'or et une somme de 1,000 francs, et, de plus, il lui attribue l'objet d'art spécial des irrigations ; il accorde, enfin, à M. Bouchet (Emmanuel), contre-maître depuis sept ans chez M. Bonsans, une médaille d'argent et une somme de 50 francs.

M. LAMBERT (Benoit), *propriétaire à Chabeuil*

Six hectares 55 ares de prairies situées dans la commune de Chabeuil, sont soumises à l'irrigation par leur propriétaire, M. Lambert, partie au moyen des eaux de la rivière « Véore », partie au moyen de deux canaux.

Les prises d'eau et les canaux d'irrigation de M. Lambert sont bien établis et bien entretenus, et l'eau est répartie sur les terres par des rigoles suffisantes pour en assurer une régulière distribution.

Une des prairies de M. Lambert a été créée par lui sur un terrain préalablement bien préparé, et, par ses soins et ses fumures, il obtient de son exploitation un résultat satisfaisant.

Le Jury accorde à M. Lambert le 2e prix de la 1re catégorie consistant en une médaille d'argent grand module et une somme de 700 francs.

M. GLEIZE (Philippe), *propriétaire à Mirabel-aux-Baronnies*

Pour la défense de ses terres, situées dans la commune de Mirabel-aux-Baronnies, contre les fréquents envahissements de la rivière « l'Eygues », M. Gleize a fait construire 3 digues à ses frais et il a contribué pour un quart aux frais de construction de 3 autres digues.

Cette installation lui a permis d'utiliser certaines terres précédemment incultes, de soumettre à l'irrigation 13 hectares environ et de protéger efficacement son entière propriété.

L'exploitation de M. Gleize ne lui donne momentanément que de modestes résultats, mais il ne peut manquer de recueillir ultérieurement le prix de ses judicieuses améliorations, et, en tous cas, il a, d'ores et déjà, donné une valeur sérieuse à des terres qui n'en avaient pas précédemment.

Le Jury attribue à M. Gleize le 3ᵉ prix de la première catégorie, consistant en une médaille d'argent et une somme de 400 francs.

2ᵉ CATÉGORIE. — Propriétés ayant 6 hectares et au-dessous

M. BÉGOT (Louis), *propriétaire à Saint-Vallier*

M. Bégot soumet à l'irrigation 4,000 mètres carrés de terrain et à l'arrosage 5,500 mètres, le tout situé dans la commune de Saint-Vallier.

Il a divisé ses jardins en compartiments qui lui permettent d'introduire ou d'enlever les eaux à sa volonté ; une canalisation souterraine distribue l'eau, soit dans un seul compartiment, soit dans plusieurs à la fois. Cette installation intelligente le préserve de tout risque d'introduction d'eau dans les parcelles où elle serait préjudiciable.

Les diverses cultures de M. Bégot sont bien tenues et lui donnent des résultats très rémunérateurs.

Le Jury lui décerne le 1ᵉʳ prix de la 2ᵉ catégorie, consistant en une médaille d'or et une somme de 500 francs.

M. DUBESSET (Jules), *propriétaire à Bourg-les-Valence*

Après nivellement et défoncement indispensables, M. Dubesset a créé sur 1 hectare 50 ares de terres situées dans la commune de Bourg-les-Valence, un jardin potager dont l'aménagement ne laisse rien à désirer.

8

Au moyen de canaux en maçonnerie construits par lui, il distribue sur ses diverses cultures l'eau qu'il prend, par souscription, au canal de la Bourne, et cette irrigation lui donne d'excellents résultats, vu la nature chaude et perméable de ses terres.

Une plantation de 400 arbres fruitiers, diverses essences, produit à M. Dubesset une moyenne annuelle d'environ 4,000 kilogrammes de fruits, et la précocité de ses récoltes lui permet toujours de les vendre aux prix les plus avantageux.

Les soins et les travaux de M. Dubesset ont eu le double avantage d'augmenter sensiblement la valeur, autrefois très médiocre, de sa propriété, et de lui assurer un bon revenu du capital engagé.

Le Jury attribue à M. Dubesset le 2ᵉ prix de la 2ᵉ catégorie, consistant en une médaille d'argent et une somme de 400 francs.

* * *

M. NÈGRE (François), *propriétaire à Montélimar.*

M. Nègre est propriétaire de 10 hectares de terres situés dans la commune de Montélimar ; il les a mis à l'arrosage au moyen des eaux provenant des égouts de la ville, et les éléments fertilisants contenus en suspension dans ces eaux lui assurent un apport très avantageux d'engrais ; de plus, l'agencement bien compris de ses canalisations lui permet de recueillir les eaux d'orage et le colmatage de diverses parcelles.

M. Nègre a créé une prairie de 4 hectares qui lui donne annuellement trois coupes et un regain, chaque coupe produisant en moyenne 4,500 kilogrammes de foin par hectare.

Le Jury décerne à M. Nègre le troisième prix de la deuxième catégorie, consistant en une médaille de bronze et une somme de 300 francs.

* * *

M. GUICHAREL (Amédée), *propriétaire à Aurel.*

M. Guicharel, à qui le Jury a déjà accordé un prix de spécialité pour le bon entretien de son exploitation, située dans la commune d'Aurel, a concouru aussi pour les prix d'irrigation.

Pour utiliser les eaux d'un ruisseau qui coule au bas de sa propriété, il a établi un barrage sur ses terres, et, au moyen de canaux extérieurs, il conduit l'eau sur une grande partie de son domaine où elle est judicieusement distribuée.

De plus, M. Guicharel a capté une source distante d'un kilomètre environ, et il en a amené les eaux dans la basse-cour de sa propriété par une canalisation traversant un ravin, et passant, au moyen d'un syphon, sous le ruisseau d'arrosement ; les eaux sont emmagasinées dans plusieurs bassins en ciment construits par M. Guicharel et sont affectées à un jardin très convenablement aménagé.

Par ces intelligentes utilisations de richesses précédemment stériles, M. Guicharel a sensiblement augmenté la valeur de son domaine.

Le Jury lui accorde le quatrième prix de la deuxième catégorie consistant en une médaille de bronze et une somme de 200 francs.

PRIX CULTURAUX ET PRIME D'HONNEUR

1re CATÉGORIE

M. URDY (Léopold), *propriétaire à Saint-Pantaléon.*

Le domaine « le Poitou », situé dans la commune de Saint-Pantaléon, et appartenant à M. Urdy, fut acheté par lui en novembre 1885 ; ce domaine se trouvait alors en très mauvais état ; les blés et les avoines n'y rendaient que 7 à 8 pour un ; les quelques vignes qu'il présentait en plants indigènes étaient ruinées par le phylloxéra et donnaient à peine 5 hectolitres par hectare ; on ne pouvait entretenir sur le domaine qu'un troupeau de 35 brebis.

Depuis son achat, M. Urdy a obtenu des rendements de céréales dont le moindre a été de 18 pour 1 ; sa bergerie renfermait, lors de la visite du Jury, 100 brebis et 3 béliers ; ses agneaux d'élevage atteignent les poids remarquables de 22 à 23 kilogrammes.

Au moyen du sulfure de carbone, M. Urdy a conservé 3 à 4 hectares des vignes indigènes qui existaient avant son achat. Ayant créé, dès 1886, une pépinière de plants américains, il constata que le Riparia convenait mieux à ses terres que les autres porte-greffes ; c'est donc sur Riparia qu'ont été greffés les 10 à 11 hectares de vignes qu'il a présentés au Jury et dont le rendement moyen est seulement de 30 hectolitres à l'hectare, mais en vin d'excellente qualité.

M. Urdy a augmenté l'ancien bâtiment de la magnanerie, et il a planté de nombreux mûriers ; ces améliorations lui permettront incessamment d'augmenter dans une proportion sérieuse sa mise en incubation de graines de vers à soie ; il a capté à 2 kilomètres des bâtiments une source débitant 200 litres par minute ; il a construit un hangar, des écuries et une cave ; il a enfin, pratiqué des routes nouvelles qui facilitent beaucoup son exploitation.

Le Jury décerne à M. Urdy le prix cultural de la 1re catégorie consistant en un objet d'art de la valeur de 500 francs et une somme de 2,000 francs.

2ᵉ CATÉGORIE

M. ROCHE (Agénor), *propriétaire à Saillans*

M. Roche a présenté au Jury trois domaines : « Gourdon, Trélaville et Montmartel ; il est propriétaire des deux premiers et fermier du troisième.

La superficie totale de ces trois domaines est de 34 hectares 39 ares, dont 11 hectares terres incultes.

L'exploitation de Gourdon, Trélaville et Montmartel est confiée depuis 1885 à un métayer ; les 23 hectares de terres cultivées dont elle se compose sont principalement occupés par des vignes, blés, avoines et fourrages.

7 hectares 44 ares de vignes, cépages divers greffés sur pieds américains, rendent en moyenne par hectare 35 à 40 hectolitres et la récolte de l'année qui précéda celle de la visite du Jury fut vendue à 30 francs l'hectolitre.

Avant que les greffages fussent terminés, et pendant plusieurs années, l'exploitation obtint, par la vente de porte greffes, des recettes appréciables.

Le rendement moyen des blés est de 15 pour un ; celui des avoines de 25 pour un.

Une plantation d'arbres fruitiers, et particulièrement de pêchers, donne aussi un revenu sérieux.

Toutes les cultures de M. Roche sont traitées soigneusement et suffisamment fumées.

L'outillage est bon ; les bâtiments d'exploitation sont bien tenus.

Le Jury attribue à M. Roche le prix cultural de la 2e catégorie consistant en un objet d'art de la valeur de 500 francs et une somme de 2,000 francs.

3ᵉ CATÉGORIE

M. BONNET (Aimé), *propriétaire à Arthemonay*

M. Bonnet a concouru pour deux domaines situés dans la commune d'Arthemonay et qu'il fait exploiter par des métayers :

Prompsal, 14 hectares 58, métayer M. Pailleret (Joseph) ;

Le Parquet, 10 hectares 84, métayer M. Savoye (Adolphe).

Le Jury a visité à Prompsal et au Parquet 5 hectares environ de vignes bien soignées consistant principalement en plants indigènes greffés sur pieds américains et dont le rendement en 1895 a été de 48 à 50 hectolitres par hectare.

Les blés, avoines et maïs existant sur les deux domaines ont été trouvés en bon état.

M. Bonnet a été l'initiateur des trèfles dans sa région et c'est surtout à l'introduction de ce fourrage de premier ordre et à la culture intelligente d'autres plantes fourragères permettant l'élevage et l'entretien d'un nombreux bétail, que doit être attribuée la prospérité des deux exploitations.

Pour l'irrigation de ses prairies, M. Bonnet avait droit aux eaux sortant du moulin de Remboy qu'elles actionnent; malheureusement, l'usage de ces eaux n'était pas réglementé entre les divers ayant droit dont la rivalité permanente en rendait l'utilisation à peu près impossible; M. Bonnet s'efforça d'établir un accord entre les 21 intéressés; il y réussit, et la règlementation que son initiative provoqua donne depuis lors satisfaction à tous.

Les bâtiments d'exploitation sont bien agencés et bien tenus; celui du Parquet, surtout, présente une installation remarquable; pour Prompsal, on a tiré habilement parti des anciennes constructions qui y existaient.

Le Jury accorde aux exploitations du Parquet et de Prompsal le prix cultural de la troisième catégorie consistant en un objet d'art de 500 francs, attribué à M. Bonnet, propriétaire, et une somme de 2,000 francs à partager entre les deux métayers : MM. Joseph Pailleret et Adolphe Savoye.

4ᵉ CATÉGORIE

M. BLANC (Louis), *propriétaire à Poët-Bélard*

Le domaine « Château Saint-André », dont la superficie totale est de 26 hectares, est exploité depuis vingt-cinq ans par M. Blanc à la famille de qui il appartenait; depuis sept ans M. Blanc en est devenu l'unique propriétaire en payant complètement, au moyen de son travail et de son économie, les parts revenant à ses co-héritiers.

Ce résultat pécuniaire est déjà une preuve incontestable de l'intelligence et de l'activité de M. Blanc, il témoigne de l'état satisfaisant à tous égards de son exploitation et explique l'attribution du prix cultural de la quatrième catégorie qui lui fut faite au précédent concours régional du département de la Drôme.

Depuis ce précédent concours, M. Blanc, très efficacement aidé par ses deux fils, a beaucoup accru encore la prospérité de son domaine; le Jury a pu constater des rendements plus importants sur toutes les natures de récoltes, la présence d'un bétail plus nombreux, la plantation d'une vigne et, enfin, une captation d'eau pour irrigations.

Le Jury accorde à M. Blanc un rappel de prix cultural de la quatrième catégorie.

_____

M. CHORET (Martin), *propriétaire à Beaumont-les-Valence.*

Le domaine « Collet », dont la superficie est de 12 hectares, est exploité par M. Choret, propriétaire, avec la collaboration de sa femme, de son fils et d'un domestique à gages.

Les cultures de ce domaine consistent en blé, luzerne, sainfoin, pommes de terre, vigne, graines potagères, avoine, orge, maïs et betteraves.

Toutes ces cultures ont été trouvées par le Jury d'une propreté méticuleuse et dans un état surprenant de prospérité.

M. Choret procède à des fumures abondantes; il a créé une fosse à purin très judicieusement installée.

Le domaine possédait, lors de la visite du Jury, 30 ruches à cadres mobiles fabriquées par le propriétaire; il n'en comptait que 7, il y a quatre ans.

Un jardin potager, bien entretenu, pourvoit largement à l'alimentation du personnel et donne de plus par la vente des recettes appréciables.

M. Choret a montré au Jury un bon petit troupeau qu'il augmente à l'automne et il lui a fait visiter un atelier de réparations et des bâtiments d'exploitation très bien aménagés et tenus dans un ordre parfait.

Le matériel, l'outillage et le bétail de travail sont intelligemment choisis et parfaitement soignés.

Les vignes, auxquelles M. Choret applique ponctuellement tous les traitements contre les maladies cryptogamiques, présentent une abondante fructification.

En un mot, pas une erreur, pas une défaillance, sur cette exploitation véritablement remarquable.

Il est, sans doute, plus facile d'obtenir la perfection complète sur les domaines de modeste importance parce que la collaboration mercenaire y est très limitée et peut y être incessamment surveillée; mais encore faut-il, pour arriver à ce résultat, des aptitudes et un amour du travail dont M. Choret donne un exemple incontestable, et cet exemple est d'autant plus précieux qu'il s'adresse plus particulièrement à la très intéressante classe des petits propriétaires exploitant eux-mêmes leurs domaines.

Le Jury accorde à M. Choret le prix cultural de la quatrième catégorie (consistant en un objet d'art de 500 francs et une somme de 1,000 francs, et, de plus, il attribue à cet humble et à ce vaillant, la suprême récompense : la prime d'honneur.

————

En terminant ce rapport, j'ai le devoir d'adresser les sincères remerciements de mes collègues et les miens à M. de Brézenaud, notre président, dont la haute compétence et la parfaite courtoisie ont rendu facile et agréable pour le Jury une tâche à laquelle, cependant, le grand nombre des exploitations à visiter, leur éloignement, et parfois leur altitude, attachaient d'incontestables difficultés.

Je dois constater aussi que M. Brécheret s'est acquitté, à la satisfaction de tous, des ses fonctions de secrétaire du Jury, et j'ajoute que, par la sagacité de ses conseils et par le dévouement avec lequel il les prodigue, M. Brécheret, professeur d'agriculture du département de la Drôme, a sûrement beaucoup contribué aux remarquables succès dont ce rapport est la consécration.

————